# SCIENCE

## QIMIAO DE HAIDI SHIJIE

本书详细介绍了海底世界中上百种有趣又奇妙的动物和植物，包括它们的样貌、习性、特点及各种趣闻等。

# 奇妙的
# 海底世界

刘 鹏◎编著

中国出版集团
现代出版社

图书在版编目（CIP）数据

奇妙的海底世界／刘鹏编著 . — 北京：现代出版社，2011.9（2021年5月重印）

ISBN 978 – 7 – 5143 – 0298 – 1

Ⅰ . ①奇… Ⅱ . ①刘… Ⅲ . ①海洋生物 – 青年读物② 海洋生物 – 少年读物 Ⅳ . ①Q178. 53 – 49

中国版本图书馆 CIP 数据核字（2011）第 147814 号

## 奇妙的海底世界

| | |
|---|---|
| 编　　著 | 刘　鹏 |
| 责任编辑 | 吴庆庆 |
| 出版发行 | 现代出版社 |
| 地　　址 | 北京市安定门外安华里 504 号 |
| 邮政编码 | 100011 |
| 电　　话 | 010 – 64267325　010 – 64245264（兼传真） |
| 网　　址 | www. 1980xd. com |
| 电子信箱 | xiandai@ vip. sina. com |
| 印　　刷 | 三河市人民印务有限公司 |
| 开　　本 | 710mm × 1000mm　1/16 |
| 印　　张 | 13 |
| 版　　次 | 2011 年 9 月第 1 版　2021 年 5 月第 8 次印刷 |
| 书　　号 | ISBN 978 – 7 – 5143 – 0298 – 1 |
| 定　　价 | 38. 80 元 |

# 前　言

　　自古以来，人类就对美丽而神秘的大海充满幻想，渴望了解它的秘密。直到 21 世纪，探索海洋的道路仍在继续。海洋是生命的摇篮，所有生命的祖先都诞生在海洋之中。地球表面 70% 是海洋，海洋的总面积比陆地要大 1 倍多，从海面到几千米深的海底，生活着各种生物。

　　在很多人看来，大海里不外乎有各种各样的鱼，有点咸咸的水。其实，这个现象说明了人们对海洋的了解仅仅局限于眼睛看到的，而更多眼睛看不到的，确是值得我们去探索的。茫茫大海，神秘无限。海洋不但是人类生命的摇篮、气候的调节器，还是我们地球上的"聚宝盆"。

　　宽阔的海洋中，除了生活着各种海洋鱼类外，还有很多其他奇特的动物。长得像植物的珊瑚，海中花朵海葵，四处漂浮的水母及各种贝类等，都是大海的子民。它们共同构成了五彩缤纷、神秘奇特的海洋世界。

　　本书用浅显易懂、活泼有趣的文字，配以精美绝伦的图片，使小读者在充分掌握知识的同时，可以身临其境地领略到各种鱼类及海洋动物的独特风采，仿佛进入了一个真实的海洋世界。

　　你是否希望自己可以变成一条游泳的鱼？你是否渴望去探索美丽而神秘的海底世界？你是否期待与各种海洋怪兽零距离接触？如果你已经心动，那就赶快与我们一起行动吧！相信你一定不虚此行！

# 目 录
# Contents

**走进神奇的海底之城**

大路坡脚下的深渊 …………… 1

海底"沉积物" …………… 2

海底生物的生命循环探索 …… 3

生存在浅水区的生物 ………… 4

深海生物的居住场所 ………… 5

千姿百态的珊瑚礁 …………… 6

人能在海底生活吗 …………… 8

奇特的海底喷泉 ……………… 9

海底最深的海渊 …………… 11

海底的发光生物 …………… 11

海底世界热闹非凡 ………… 12

能缓解气候的深海细菌 …… 13

海底"油库" ……………… 14

太平洋海底地貌的特点 …… 15

大西洋的海底地貌特点 …… 17

印度洋海底地貌的特点 …… 18

北冰洋海底地貌的特点 …… 19

海底大峡谷 ………………… 20

海底动物呼吸的演化 ……… 21

美人鱼的传说 ……………… 22

深海里的秘密生活 ………… 23

令人困惑的深海沉积物 …… 23

神奇的海底村庄 …………… 24

海底奇特的"黑烟囱" …… 25

海洋深处的活化石 ………… 26

**五彩缤纷的海洋植物**

海中无花植物——海藻 …… 28

绚丽多彩的海底植物 ……… 42

海洋植物的生活 …………… 43

海洋植物是怎样传宗接代的 … 46

美丽的海百合 ……………… 48

**海底动物纵览**

水中生物呼吸妙趣多 ……… 50

形形色色的鱼鳍 …………… 52

鱼的婚配逸事 ……………… 54

五颜六色的"婚装" ……… 54

狗鱼结婚"夫怕妻" ……… 55

大马哈鱼结婚酿"悲剧" … 56

短暂的蜜月 ………………… 57

半边鱼婚姻共偕老 ………… 58

鱼的特殊生活习性 ………… 58

鱼的防身术 ………… 60

鱼的捕食绝招 ………… 60

深海鱼类种种 ………… 61

神奇的独角兽 ………… 63

海兽"方言"趣话 ………… 66

庞大的海牛 ………… 69

会使用"工具"的海兽 ………… 72

鱼灯虾火 ………… 74

海洋动物也要睡觉 ………… 75

有毒的海宝 ………… 76

鱼的"特异功能" ………… 78

海底的医疗馆 ………… 78

海底的夜光虫 ………… 80

有趣的"横行介士" ………… 81

丑陋的深海生物 ………… 83

能吃蚊子的"大夫" ………… 85

长满黏液的"追杀者" ………… 87

有趣的鱼类 ………… 88

海底动物也忌近亲繁殖 ………… 89

高温下的生命奇迹 ………… 90

鱼类的性别改变 ………… 91

奇怪的海底软体动物 ………… 92

千姿百态的珊瑚家族 ………… 93

珊瑚礁的生物世界 ………… 95

贝类的性变与繁殖 ………… 98

身披"盔甲"的海洋居民 … 101

## 有趣的海洋生物

具有亲缘关系的"活化石"

………… 103

两栖动物的祖先 ………… 104

蓝血动物 ………… 104

五颜六色的"维纳斯花篮" …………

………… 105

盛开的动物鲜花 ………… 107

创造奇迹的"石头" ………… 108

携老同穴 ………… 109

贝类之王 ………… 111

海兔三绝 ………… 112

海中烟幕手 ………… 114

章鱼传奇 ………… 116

漫话牡蛎 ………… 120

鲍鱼非鱼 ………… 122

鹦鹉螺 ………… 124

海参趣话 ………… 125

南极磷虾 ………… 128

寄人篱下的关公蟹 ………… 129

有趣的对虾 ………… 131

威武的"虾王" ………… 133

大洋猎手 ………… 135

能在陆地上奔跑的鱼 ………… 138

珍珠鱼趣话 ………… 141

像天鹅一样迁徙 ………… 145

好动的飞鱼 ………… 147

随波逐浪的翻车鱼 ………… 148

出其不意的魟 ………… 148

恐怖的深海狼鱼 ………… 149

海中之狮 ………… 151

奇妙的海底世界

长着獠牙的海兽 ……………… 154

极地海兽 ……………………… 156

不动也能捕食的海星 ………… 159

娇美的人字蝶和小丑鱼 ……… 160

海底生物的"祖母" ………… 162

有气囊的马尾藻 ……………… 164

用歌声吸引异性的豹蟾鱼 …… 164

能吃小恐龙的魔蟾 …………… 165

海底横行的虎鲸 ……………… 166

头重尾轻的潜水冠军 ………… 166

海豚智力测验 ………………… 167

鮟鱇鱼的安乐生活 …………… 171

## 打开海底的财富之门

美丽的"蓝色聚宝盆" ……… 173

富饶的"食品仓库" ………… 174

水产养殖的直通车 …………… 176

未来淡水的源泉 ……………… 177

深层海水用处多 ……………… 178

不折不扣的"大药库" ……… 180

巨大能源的集聚地 …………… 181

储藏石油的大"仓库" ……… 183

天然资源运输机 ……………… 185

"灵丹妙药"的发源地 ……… 186

海洋中的"金子" …………… 187

虾皮肉少营养高 ……………… 189

海底珍贵的保健品 …………… 190

海底宝中宝 …………………… 192

鱼皮鱼鳞的妙用 ……………… 193

鱼松鱼粉两兄弟 ……………… 193

鲨鱼浑身是宝 ………………… 194

虾蟹甲壳用处大 ……………… 195

贝壳也是一种宝贵资源 ……… 195

为什么要保护海洋 …………… 197

如何保护海洋 ………………… 198

目录

# 走进神奇的海底之城

## 大路坡脚下的深渊

海底是在大陆坡的脚下，这是海洋真正的底部。这个区域人们常称为"深渊"，是一个未知的奇特世界，十分神秘。实际上，深海海底是地球上尚待开发的最后一个大区域。如果我们开发海底，我们在那里发现的东西很可能就像我们在外层空间其他行星上发现的东西那样令人惊奇。

到目前为止，海洋学家的大部分工作都是在海面上进行的。利用各种各样的声纳探深器，了解到深海海底就像陆地一样，有山脉，有高原，有峡谷，有凹地，也有丘陵和平原。不过，同陆地相比，海底有许多山更高，有许多山脉更长，有许多峡谷更深。珠穆朗玛峰是陆地上最高的山，如果把它填入一个大的海底峡谷，或"海沟"之中，它上面还会盖有 1000 多米厚的海水。

海洋的平均深度为 3.62 ~ 4.02 千

海洋学之父莫里

米，但有的地方会超过11千米。最深的凹地通常都靠近大陆。菲律宾东面的"棉兰老海渊"，约有 10.5 千米深。日本东面的塔斯卡罗拉海沟也差不多有同样深，它是一系列长窄海沟中的一条，靠近包括博宁群岛、马里亚纳群岛和帕劳群岛在内的一线岛屿的外边缘。大西洋的最深地点，在西印度群岛附近和合恩角南面。由于这些地方太深，勘察工作十分困难。不过，新的科研船，比如"探海号"，已能够对 5500 米深的海底进行研究、采样和钻探。

## 海底"沉积物"

深海的海底只有少数地方裸露出基岩，绝大多数地方都覆盖着一层来自上面海水的物质。海洋学家把这些物质称为"沉积物"或"软泥"。这些沉积物，除了来自陆地上河流夹杂的淤泥，还有其他东西。例如火山灰，它们几乎能飘遍全球，最终飘到海上，在水面上浮一会儿，然后就沉入海底。沙漠里的沙尘也会被吹到海上。冰川夹杂的砾石、石块、小卵石等等，待冰一融化，也滚落海底。还有进入海洋上方大气层的陨石残骸，也会掉入海底。然而，所有这些东西还不算是最重要的，最重要的是数百万年以来一直生活在海面下面的大量非常微小的生物，它们死去以后，甲壳和骨胳便沉落海底，也形成沉积物。

在靠近大陆的地方，即大陆坡的边缘，几乎全是淤泥。它们呈蓝色、绿色、红色、黑色或白色，是由河流冲入大海的。更确切地说是细泥或者说软泥，它们主要是一些叫做"球房虫"的微小的单细胞生物留下的甲壳。

在温带海洋，许多海底都覆盖着一层这种甲壳。由于时间很长，留下这些甲壳的生物的品种已有变化，因此，有可能根据这些甲壳的种类来判断沉积物的年代。虽然每个甲壳都非常小，但由于数量巨大，它们能够覆盖数百万平方千米的海底，而且有时厚度达数千米。

海底还覆盖着其他生物丢弃的甲壳。例如放射虫，形状像雪花，它们在北太平洋形成了好几条宽阔的沉积物（或软泥）带。硅藻是用显微镜才看得见的一类海生植物，它们在海里的数量多得惊人。据估计，总重量超过了陆地上所有植物的总重量。这类硅藻是单细胞生物，形状有椭圆形、小船形、环形和弯曲形，是它们构成了深水的大片沉积物带。如果把这种硅藻软泥从海底捞起，让其干燥，就是著名的硅藻土。这种物质可用做隔音和隔热材料，还可作为水泥和橡胶的填料以及作为硝化甘油的原料。它们成群地出现，就像大陆上的山那样形成山脉，如美国东部的阿巴拉契亚山脉、西部的落基山脉和南美的安第斯山脉。例如，大西洋中部的大多数岛屿都是大西洋山脊的山峰。太平洋中部的夏威夷群岛，则是 2500 多千米长的一个海底大山脊的顶峰。西太平洋上的马绍尔群岛是一些大火山上覆盖的珊瑚层。此外，太平洋底还有数千座海山，只不过它们没有露出海面。

## 海底生物的生命循环探索

海洋是各种各样生物的家，小到微生物，大到长 30 多米、重 150 吨的庞然大物蓝鲸。蓝鲸比陆地上曾经生活过的最大恐龙还要重 2 倍以上。依据海洋中的生物，海洋学家能够找到许多有关地球上数千年前存在过的那些生物的答案，还能够找到改善人类未来生活的途径。因此，对于海洋学家

海岛峭壁

来说，研究海洋里自然生命的循环以及这种循环的方式，要比研究生活在海洋里的个别动物和植物的情况更为重要。

如同陆地上一样，海洋里的生命循环是靠阳光通过光合作用（一种在绿色植物体内制造食物的过程）来维持的。海洋里的牧草是一类单细胞的带有叶绿素的植物，叫做浮游植物，它们是浮游动物的食物。浮游动物则是一类漂浮的或者只能稍微游动的动物，它们的形状和大小相差很大。浮游动物又是海洋中食肉动物的食物，然而大的食肉动物又吃小的食肉动物。最后，死亡和分解作用完成了一个循环。动物和植物死后留下的有机物质都要被细菌分解，而这种分解过程则提供了生命的原材料，即碳、磷和氮。它们都是进行光合作用必不可少的物质。由于有机物质会下沉，分解过程大部分是在深水中进行的。深水区域阳光照射不到，而只有在阳光照射下，光合作用才会发生。不过，生命所需的基本元素最终总会被海流带回海面。

在最清澈的海水中，太阳光能穿透到90多米的深度，此时，仍然能保证光合作用所需的阳光。浮游植物只有在浅海区才能生存，但是动物却是在大海的一切地方都能存在。甚至在最深的海底，也发现过海洋动物。在这样深的地方，我们不知道生命循环是怎样进行的，恐怕只有等到人类能亲自到深海底察看的那一天，才能解开这个谜。

## 生存在浅水区的生物

在比低潮时水位还要低的浅水区，栖息着成千上万种动物和植物。实际上，大陆架大多数地方都生机勃勃，因为植物在那里贴在海底也能受到阳光的照射。这些植物又吸引来许多动物。藻类是海里最重要的浮游植物，它们的大小差别很大，有微小的单细胞植物如硅藻，也有多细胞的植物如海藻。在太平洋，这种海藻能长到三四十米长，犹如大树。藻类的颜色多种多样，大家熟悉的有4种颜色：蓝绿色、绿色、棕色和红色。藻类都含有叶绿素，因而能自己制造食物。只要有阳光，藻类几乎能在任何海洋环境下生活，当然也包括紧靠海岸线的地方。生活在海岸附近的藻类利用根茎叶的东西把自己固定在岩石上。除了藻类，还有许多单细胞海洋细菌和一些像草一样的植物（如海韭菜、泰莱藻、粉丝藻）。相对来说，海洋中生长的植物种类是相当少的。世界大洋中虽然有一些海洋真菌，但是没有蕨类植物、苔藓以及其他低等植物。在海洋里更没有高度进化的植物；像陆地上的树和开花植物那样的东西，在海里从未发现过。

美丽的珊瑚

最小的浮游动物是单细胞原生动物，而水母又算是其中最大的。这类动物中还有珊瑚、海葵以及大量的牡蛎、腹足软体动物和蠕虫的幼体，它们靠浮游植物生活。进化等级较高的浮游动物有甲壳纲动物（蟹、小煅和龙蛾以及软体动物）蛤、章鱼和扇贝等。它们靠吃较小的浮游动物或者吃浮游植物生活。

这些较高级的浮游动物又被所有较大的水下动物当成食物。这些动物有小鱼（如鲱鱼、油鲱、沙脑鱼和鳀）和世界上最大的哺乳动物抹香鲸。

## 深海生物的居住场所

深海中永远是黑夜，可以想象得到，那里只能成为最奇特动物的居住场所。那里的动物与海洋中的其他动物样子大不相同。它们大多数都很小，没有鳞，身体柔软，形状却各式各样。栖居在这里的动物，有许多像蛇；有些像铅笔或箭，全身长满了很窄的鳍。还有的呈圆形。它们大多数都长着长长的尖牙和大得出奇的嘴。此外，这些鱼大多数都是黑颜色。生活在最深水域中的鱼，许多还是瞎子，因为在这个漆黑的世界里，用不着眼睛。有一些鱼有眼睛，但向外鼓出，简直像高尔夫球。还有一些鱼有发亮的发须或斑点，在黑暗中闪闪发光。生活在黑暗中的这些生物怎样利用这种生物光，很难说清，但一般认为，那是用来吸引食物或伙伴的，也许两种作用兼而有之。

海边礁石

深海动物的进食习性更不清楚。有些科学家认为，细菌是它们最重要的食物来源；而另一些科学家则认为，这些动物是彼此相食的。

## 千姿百态的珊瑚礁

在许多热带海洋及暖流经过的部分海域，分布着一座座千姿百态、色彩鲜艳、令人钟爱的珊瑚礁。其中有些珊瑚品种，质地坚硬而艳丽，是居室中极佳的观赏摆设，也是加工贵重饰品的重要材料。珊瑚富含碳酸盐，又是烧制石灰的优质原料。而且，它对海岸土地资源和生态环境有很好的保护作用。

**海上珊瑚礁**

珊瑚是珊瑚虫生长形成的。由于珊瑚对海浪、海流有阻挡作用，许多贝壳、珊瑚碎屑及砂石等堆积在珊瑚空隙中，天长日久，便形成了珊瑚礁。珊瑚礁大多沿海岸和环海岛分布，所以，前者叫岸礁，后者叫环礁。我国广东、广西和台湾沿海以岸礁为主，而南海诸岛则以环礁为主。

岸礁和环礁构筑了天然海岸的防波堤，大大削弱了海浪对海岸的冲刷和侵蚀，保护了珍贵的土地资源。不仅如此，由于珊瑚礁海区一般营养盐丰富，以营养盐为生的浮游生物便大量繁殖，致使生物链中更高级的鱼虾蟹贝以及鸟类和大型海兽在此结集，形成了生物密集区。同时，珊瑚礁的复杂地形也保证了多种生物的均衡发展。因此，珊瑚礁海区有"海洋热带雨林"之称。

珊瑚礁是大自然赐予人类的宝贵财富，但由于人们对珊瑚礁的破坏性开采，全球珊瑚礁海区的生态环境受到严重破坏。1997年，香港科技大学组织了"97全球珊瑚考察"的活动，对珊瑚礁区的21种鱼类和贝类进行考察，结果发现81%的珊瑚礁海域无龙虾踪影，有龙虾的水域多集中于海洋自然保护区中；在印度洋和太平洋的珊瑚礁区，仅发现17只砗磲，但在红海的海洋自然保护区中却发现了150只砗磲。

我国的珊瑚礁海域的现状也令人担忧，在海南省，人们大量挖掘珊瑚礁烧制石灰和制作装饰品出售，80%的环岛珊瑚礁遭到破坏，从而造成多种珍贵鱼种数量逐年减少，并在许多海岸段出现严重的海岸侵蚀现象。在文昌县的柳林湾风景区，从20世纪80年代中期起，海岸线每年溃退近20米，大批椰树被潮水冲倒，大片土地变成了茫茫海洋，附近的村庄和田园也面临着被大海吞没的危险。广东和广西的某些海岸也有类似的情况。

　　珊瑚礁对海岸的保护作用及其被破坏的程度受到人们的高度重视，世界上许多国家都开展了对珊瑚礁的监测和研究工作，还制定法规保护珊瑚礁。我国也开展了这方面的工作，并在海南岛三亚建立珊瑚礁自然保护区。随着人们环境保护意识的提高和保护措施的完善，"海洋热带雨林"一定会重新焕发出勃勃生机。

## 人能在海底生活吗

　　辽阔深邃的海洋，鱼欢虾跃，它们时而迎着阳光在海面上游憩，时而又深深地扎入海中，潜入海底，是多么的自由自在啊！

　　自古以来，人也梦想着像鱼儿那样在大海中生活。那么，这个梦想能否实现呢？人想在海中生活，最重要的是要能克服两个不可避免的难题：一是抵御因水深带来的压力；二是解决在水中呼吸的问题。

　　如果我们不潜入较深的海域，而只是停留在水深不超过10米的海面附近，那么水压是十分有限的，不会给我们带来什么麻烦。如果要潜入较深海底，通常需要潜水器械的帮助。

　　为了解决水中的呼吸问题，就要让水中人背上氧气筒，就像现在许多潜水员所做的那样。但这样做的缺点是很明显的，一则筒中所装的氧气毕竟有限，不可能维持长时间的需要；二则带着这样一个笨重的装置，必然会给水中人带来诸多不便。

　　有没有可能让人像鱼儿那样使用人工鳃直接呼吸水中的氧气呢？美国科学家洛普率先进行了这种研究。他用硅铜橡胶薄膜仿造鱼鳃的功能，制成一个容器，然后把一只土拨鼠置于容器内，再浸入水中。由于这种厚仅 1/400 毫米左右的硅铜橡胶薄膜，可以阻止水的渗入，却能让水中的氧透过，而土拨鼠排出的二氧化碳则能从相反的方向排入水中，从而保证了土拨鼠的呼吸。结果，土拨鼠在水中竟活了 4 天 4 夜。

后来日本人又进行了深入研究，发现 1 平方米这种薄膜，每分钟只能透过 10 立方厘米的氧气。如果 1 个人每分钟需要 200 立方厘米的氧气，则至少要用 20 平方米大的薄膜来包裹。显然，一个带着这样庞大面积的"鳃"的人，在水下是无法自由活动的。

荷兰科学家库乐斯特拉，则设计了一种完全不同的试验方法。他把等渗压的液体直接充填到实验动物的肺中，让它们进行液体呼吸。结果，鼠在水中活了 18 小时；6 只狗在水中潜伏了 20～30 分钟。尽管这种液体呼吸实验在人体身上尚未收到理想的效果，但根据已获得的大量实验数据分析，科学家已为人类能自由地在水中生活，描绘出美丽的前景。著名的法国深海科学家科斯蒂奥预言：到 21 世纪，人们也许就能利用人工鳃在水下自由地生活和工作了。

## 奇 特 的 海 底 喷 泉

1979 年 3 月，在美国海洋学家巴勒的率领下，一批科学家对墨西哥西面北纬 21°的太平洋中脊进行了一次水下考察。当科学家们乘坐的深水潜艇"阿尔文"号渐渐接近海底时，透过潜艇的舷窗，他们看到了恶烟腾腾、浓雾弥漫的景象。一根根高达六七米的粗大的烟囱般的石柱狼藉冗立，滚滚的"浓烟"就是从这些石柱的顶口喷发出来的。科学家们驾着"阿尔文"号向着一处"浓烟"靠近，并将温度探测器伸进"浓烟"中，不禁吓了一跳：原来这里的温度竟高达近千度。如果再靠近些，"阿尔文"的塑料舷窗就会变形、进裂，后果将不堪设想。经过仔细观察，他们发现"浓烟"原来是一种金属热液"喷泉"，当它遇到寒冷的海水时，便立刻凝结出铜、铁、锌等硫化物，并沉淀在"烟囱"的周围，堆成小丘。他们还注意到，在这些温度很高的喷口周围，竟形成了一种特殊的生存环境，就像是沙漠中的绿洲，生活着许多贝类、蠕虫类和其他动物群落。

巴勒等人的这些发现，引起了科学界的极大兴趣。后来科学家们又陆续在其他地方的大洋裂谷带中发现了类似的情况。毫无疑问，这一发现的科学意义巨大。它不仅进一步证实了大洋中脊是岩浆构造活动非常活跃的场所，而且还展示了热液成矿活动的一个侧面，并使我们认识到一种前所未知的生态环境。不仅如此，不久前美国密执安大学的奥温甚至认为，这种海底"喷泉"还与地球气候的变化有着密切的联系。

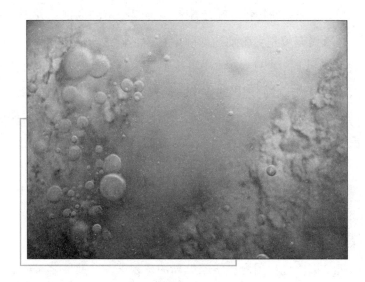

**海底喷泉**

人们早就知道，大约4000万~6500万年前的始新世时期，地球有着非常温暖的气候环境，极地与赤道的温差很小；例如不久前，加拿大地质学家曾在北极圈内的埃尔斯米尔岛发现了一片化石树林，树林保存得很好，以水杉为主，林中还发现有马、犀牛、绍、狐猴的化石。证明在树林存在的4000万~6500万年前，这里具有热带的气候环境。

## 海底最深的海渊

"勇士"号是苏联海洋研究所自1949年以后从事太平洋深海调查的最大的研究船。1959年以后，它也在印度洋从事考察。"勇士"号调查船设有14个研究室，另有图书室、标本样品库，备存12台卷扬机，可抛锚至1万米深。航海周期一般是7个月左右，观测100～300个点。根据"勇士"号的测深结果，更正了远东近海和太平洋的水深图，并编入数个新发现的海渊和海沟。此外，还发现了一些破碎带、海底山脉、海山等。在马里亚纳海沟发现了世界最深的查林杰海渊（11034米），在千岛—堪察加海沟发现了最深部维提亚兹海渊（10382米），还采集了40米长的海底柱状样品。根据分层研究了长达1000万年的地质年代史，根据各层所含的海产动植物的遗体、花粉、孢子及火山灰等，判断出过去的气候变化、地理变化等。另外，他们还发现了深层水在不断地流动，并在1000～3000米的深度，测量到了速度高达每秒30厘米的强大深层流，同时弄清了深海水强烈的垂直混合和数千米规模的浮游生物的垂直移动。

调查结果表明，在大于1万米的海沟深处，也栖息着多种生物，并且发现了数百个新种。鱼类的最深种采自7580米，双壳贝的最深采集处为10300米。据此确定，含有特殊动物的超深海区的上限为6000米。这次考察是人类20世纪的一次重要的海洋科学考察活动。

## 海底的发光生物

海底细菌发光，是氧在起作用；蛤等海洋动物的发光，是荧光素和荧光酶这两种化学物质在起作用。科学家还发现，发光生物利用一种叫作三磷酸腺苷的高能化合物质作为能源，以补充每次发光后被大量消耗掉的荧光素。生物发光的效率特别高，因为它不产生热量，全部化学能都能转化为光能，而人工白炽灯90%的电能都以红外线的方式转变为热能消耗掉了。

生物的发光被称为"冷光"。

海底生物的发光启发人们创造出许多特异的新光源。比如，日光灯就是一种。人们模仿生物发光的物质结构，合成荧光材料，涂在玻璃管内壁，管内充满水银蒸气和氧气之类的惰性气体。通电后，管子两端的物质发射电子，电子撞击水银蒸气和氧气粒子，从而使它们发射紫外线。紫外线猛烈激发荧光物质，于是便发出"冷光"来。在此基础上，各种荧光物质相继合成，五颜六色的冷光源灯，如霓虹灯、水银灯、荧光灯也相继诞生。科技研究人员正设想开发生物高能化合物质，以使人类能够得到更方便、更廉价的能源。

## 海底世界热闹非凡

许多人以为海中的世界是寂静无声的，情况真像人们所想象的那样吗？科学家为了揭开这个秘密，曾在海底安放了一个水下听音器，结果惊奇地发现，许多海洋动物发出千奇百怪的声音：有类似螺旋桨击水的声音，有像猫头鹰的哀鸣或像青蛙的呱呱叫声。若置身其间，非但不会感到静谧无声，反而觉得喧嚣异常。

在海洋深处，章鱼处于紧张状态时的尖声叫喊好像飞机呼啸而过；鲶鱼群夜间游动时发出"咚咚"的声音就像军鼓一样；河豚鱼、刺豚则发出"呼噜"、"呼噜"打鼾的声音。许多年前，有人曾探测到像连珠炮一般的海底噪声，后来人们发现，发出这种惊人声响的并不是什么庞然大物，而是一群小虾！

海洋中各种动物有各种不同的发声方法：黄鱼靠振动鱼鳔发声，杜父鱼靠摩擦鳃盖发声，某些鲶鱼是靠摩擦背鳍和胸鳍上的棘发声，翻车鱼、鳞豚是用咬牙切齿来发声，而虾群则是用螯发声的。

海洋生物的发声方法真是五花八门，人们只要下潜到水下 10 米深处，就会听到这种喧嚣声。现在，海洋科学家已经研究出来，哪些声音是鱼类喜欢的，哪些声音则是鱼类讨厌或害怕的。在海洋中播放不同的声音就可引诱或是驱赶鱼群，使鱼群听从人们的调遣。奇妙的是，挪威科学家设计的用声音诱鱼的装置，不仅招来了鱼群，还可以使鱼群沿着一定的路线游动，一直游到正等待着它们的鱼类产品加工厂。

## 能缓解气候的深海细菌

地球越来越热，这是大家都感受到的事实。因此，减缓全球气候变暖成为各国政府关注的重要事件之一，当然也是我们老百姓关注的事情。近年来，科学家也在为减缓全球气候变暖想办法。近来，微生物学家发现了一种以甲烷为食的深海细菌，他们认为，这些小小的微生物可以为减缓全球变暖作出贡献。

为了减缓全球变暖，我们现在的提法是"节能减排"。许多人以为"减排"就是减少二氧化碳的排放。其实"减排"主要是减少向大气中排放的碳量，包括甲烷和二氧化碳。目前，一些科学家对甲烷的关注程度甚至高于二氧化碳，因为甲烷是一种强势的温室气体，同体积的甲烷对气温升高的影响程度是二氧化碳的21倍。

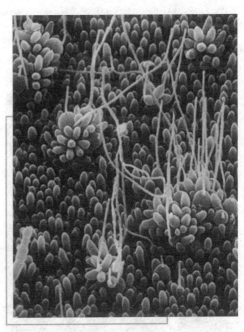

深海细菌类植物

说起大气中的甲烷，也得归咎于微生物。大气中的甲烷主要是由一种叫做产甲烷菌的细菌天然产生的，这种细菌以无氧环境中的植物和动物为食。产甲烷菌生活在沼泽中静止不动的水下，它们产生的甲烷气泡称为"沼气"。产甲烷菌还存在于动物的消化系统中，它们能够帮助将其中的草和其他有机质降解为营养成分，同时产生甲烷。为了洗刷"产甲烷菌的罪过"，微生物学家找到了可吃甲烷的细菌，希望多培育一些这种细菌，让排向大气中的甲烷能及时被吸收，达到一种动态的平衡。这样就可以为减缓全球气候变暖作一些贡献。

## 海底"油库"

石油是一种重要的矿产资源和能源，被称为"工业的血液"。石油不仅蕴藏于陆地，而且在茫茫海洋的深处也非常丰富。法国石油研究所曾估计，世界石油的最大可采量为3000亿吨，其中海底石油占45%。那么，海底石油是如何形成的？现在绝大多数的科学家认为，石油是在过去地质时期里，由生物经过化学和生物化学变化而形成的。

海底热泉

那么，形成石油需要具备什么条件？第一，要有大量的生物遗体，这是形成石油最重要的条件。第二，要有储集石油的地层。第三，要有保护石油跑不掉的盖层。第四，还要有有利于石油富集的地质构造。在几千万年甚至上万年以前，在海湾和河口地区，海水中氧气和阳光充足，加上江河带入大量的营养物和有机质，为生物的生长、繁殖提供了良好的条件，使海洋藻类和其他海洋生物大量繁殖。每年由海洋浮游遗体产生的有机碳就达600亿吨，这些就是生成石油的"原料"；由河口地区带入的泥沙把大量的生物遗体一层层地掩埋起来。这些被厚厚埋藏的生物遗体与空气隔绝，长期处在缺氧的环境中，再加上厚厚岩层的压力、温度升高和细菌作用，便开始慢慢分解，经过很长很长的地质时期，这些生物遗体就逐渐变成了石油。

大陆架是陆地在海中的延续，我国的渤海、黄海和东海的大陆架极其宽阔，上面铺盖着亿万年来的沉积物，在这里生物繁盛，蕴藏着极为丰富的石油和天然气矿藏，经过初步普查，我国已发现300多个可供勘探的沉积盆地，面积大约有450多万平方千米，其中海相沉积层面积约250万平方千米。从6亿岁的老地层到最新的地层中，都发现了油气或油气显示，储藏油的构造很多。

我国近海已发现的大型含油气盆地有10个，它们是渤海盆地、北黄海盆地、南黄海盆地、东海盆地、台湾西部盆地、南海珠江口盆地、琼东南盆地、北部湾盆地、莺歌海盆地和台湾浅滩盆地。现已探明的各种类型的储油构造400多个。根据科学家估算，我国的海洋石油储量可达22亿吨，天然气储量达480亿立方米，而且各个大海区不断有新的油气田发现。据估计，我国的海底石油资源储量约占全国石油资源储量的10%～14%；我国的海底天然气资源量约占全国天然气资源的25%～34%。该数据为我国海上油气开发展示了可观的前景。

## 太平洋海底地貌的特点

2000多万年前，当人类诞生之时，地球这颗行星就已经为人类"准备"好了充足的生存条件：陆地、海洋、空气和森林。人们生存、繁衍的这片土地，有着一望无际的平原；有着高耸入云的峻岭；有着奔腾不息的江河；有着起伏不平的丘陵；有着巨大的高原和深凹的盆地；还有着星罗棋布的湖泊，等等。可是，你知道在浩瀚的太平洋底是一番什么景象吗？

其实，大洋底地貌与陆地有些相像，既有巨大高耸的山脉，辽阔平坦的海底平原，又有深达万米的大海沟。

太平洋的海底地貌起伏较大。在太平洋东部。有一条大洋中脊和纵贯南北的海底山岭，约占太平洋总面积的35%，大洋中脊是巨大的弧形，北从阿留中海盆开始，经阿拉斯加湾、加利福尼亚湾、加拉帕戈斯群岛，与东太平洋海区相连，再向西与印度洋中脊系统相接。

它的北段被美国太平洋沿岸大陆所淹埋，南段是比较明显的东太平洋海岭。大洋中脊是一种巨型构造地带，被一系列与纬度线平行的长达数千千米的断裂带所切割。

在太平洋中部，有一条略呈西北东南走向的雄伟的海底山脉。北起堪察加半岛，经夏威夷群岛、莱恩群岛至上阿莫士群岛，绵延1万多千米，把太平洋分成东西两部分。在这条海底山脉中太平洋山脉以西，除有西北海盆、中太平洋海盆和南太平洋海盆外，还有一片繁星般分散的海底山。这些海底山有的沉没在深海中，有的耸立于海面之上成为岛屿。

夏威夷岛就是中太平洋海底山脉中的一些山峰。它们从5000多米深的海底升起，加上岛上的主峰高出海面4270米，绝对高度达9270多米，超过了陆地上最高的山峰珠穆朗玛峰的高度。可见，海底山的规模是非常宏大的。在中太平洋山脉以东，除北太平洋海盆、东太平洋海盆和秘鲁—智利海盆外，还有辽阔的东太平洋高原和阿尔巴特罗斯海台等。

有趣的是，太平洋最深的地方，不是在中央地带，而是在西部的大陆架地区。在这个地区，有一系列巨大的岛弧和海沟带。岛弧和海沟紧挨在一起，构成地球表面起伏最剧烈的地带，地形高差达15000米。在岛弧内侧与大陆之间是一系列边缘海，岛弧外侧紧挨着深达的海沟。其中深度超过1万米的有4个，世界上最深的马里亚纳海沟（11034米）就分布在这里。

在太平洋东部、南北美洲沿海一带，没有岛弧，只有海沟，深度超过6000米的海沟有10多个。其中秘鲁—智利海沟逶迤长达5900千米，是世界海洋中最长的海沟。太平洋边缘的大陆架、大陆坡、岛弧和海沟，约占太平洋底总面积的10%。

# 大西洋的海底地貌特点

大西洋同太平洋不同，它四周的陆地多是广阔的平原、高原和不太高的山岭，而洋底的地形却比较复杂。

在大西洋的中部，有一条纵贯南北的大西洋海岭。它从冰岛海岸起向南延伸，穿过大西洋南部，直到南极洲附近。南北全长达 15000 千米。海岭走向与大西洋的表面形态基本一致，也略呈"S"形。海岭宽度一般在 1500～2000 千米，约占大西洋总宽度的 1/3。高度一般在 200～4000 米。海岭的中央地带最高，也最陡峭，山峰距海面只有 1500 米，有的甚至露出海面成为高峻的岛屿，如亚速尔群岛的山地，从海底升起高出海面 2000 多米。沿着大西洋海岭的脊部有一条非常陡峭深邃的大裂谷，深度达 2000 米，宽 30～40 千米，长 1000 多千米。它是地壳的一个大裂缝。海岭由许多横向断裂带切断，这些断裂带在地貌上表现为一系列海脊和狭窄的线状槽沟。其中位于赤道附近地区的罗曼希断裂带，全长 350 千米，深达 7864 米，是沟通东西两部分大洋底流的主要通道。它把大西洋海岭明显地分为南北两部分。

大西洋海岭和洋底高地分割了海底，在其东西两侧各形成了一系列深海海盆。东侧主要有西欧海盆、伊比利亚海盆、加那利海盆、佛得角海盆、几内亚海盆、安哥拉海盆和开普顿海盆。西侧主要有北美海盆，巴西海盆和阿根廷海盆。在大西洋的南部，还有大西洋—印度洋海盆。这些海盆一般深度在 5000 米左右，中央很宽广，比较平坦，盆地中堆积着大量的深海软泥。在这些海盆之间，又有几条岭脉、高地突起，有的露出水面形成岛屿。如马德拉群岛、佛得角群岛等。这些海盆约占整个大西洋底面积的 1/3。

大西洋边缘地区的海底地形十分复杂，有大陆架、大陆坡、大陆隆起(海台)、海底峡谷、水下冲积锥和岛弧海沟带。大陆架面积仅次于太平洋的大陆架面积，为 620 万平方千米，约占大西洋总面积的 8.7%。大陆架宽度变化很大。它从几十千米到 1000 千米不等。如几内亚湾沿岸、巴西高原东段、伊比利亚半岛西侧的大陆架，都很狭窄，一般不超过50千米；而在不列颠群岛周围，包括整个北海地区，以及南美南部巴塔哥尼亚高原以东的大陆架，宽度常达1000千米左右。大西洋的大陆坡，各海域也不相同。沿欧洲、非洲的陡峻狭窄，沿美洲的较宽较缓。在大西洋海底大陆坡和深海盆之间，分布着一些大陆隆起，较大的有格陵兰—冰岛隆起、冰岛—法罗隆起、布茵克隆起和马尔维纳斯隆起。在格陵兰岛与拉布拉多半岛之间的中大西洋海底峡谷和密西西比河、亚马孙河、刚果河、莱茵河等河流河口附近，分布着一些半锥状的水下冲积锥，规模一般只有数百平方米。此外，大西洋还有2个岛弧海沟带，即大、小安的列斯群岛的双重岛弧海沟带和南美南端与南极半岛之间的岛弧海沟带。其中大安的列斯岛弧北侧的波多黎各海沟，长达1550千米，宽120千米，深达8648米，是大西洋的最深点。

## 印度洋海底地貌的特点

印度洋的海底地貌，与其他大洋相比，表现出复杂多样的特点。

在印度洋海底中部，分布着"入"字形的中央海岭。它是由中印度洋海岭、西印度洋海岭和南极—澳大利亚海丘组成的，三者在罗德里格斯岛交汇。中印度洋海岭是中央梅岭的北部分支，由一系列岭脊组成，一般高出两侧海盆1300～2500米，个别露出海面形成岛屿，如罗德里格斯岛、阿姆斯特丹岛等。中印度洋海岭向西北叫阿拉伯—印度海岭，再向西延伸进入亚丁湾，与红海和东非裂谷系统相连。西印度洋海岭是中央海岭的西南分支，在阿姆斯特丹附近与中印度洋海岭相连，经爱德华群岛后，称为大西洋—印度洋海丘，与大西洋海岭南端相连。南极—澳大利亚海丘是中央海岭的东南分支，在阿姆斯特丹岛附近与中印度洋海岭相连。印度洋中央海岭由一系列平行于中脊轴的岭脊组成，岭脉崎岖错杂，宽度最大的达1500千米，其间还分布着许多横向的断裂带。

"入"字形的中央海岭，把印度洋分为东部、西部和南部3大海域。东郊区域被东印度洋海岭分隔为中印度洋海盆、西澳大利亚海盆和南澳大利亚海盆。这些海盆都比较广阔，海水较深。西部区域海岭交错分布，分隔出一系列海盆，主要有索马里海盆、马斯克林海盆、马达加斯加海盆和厄加勒斯海盆。这些海盆面积较小，海水较浅。南部区域地形较为简单，有克罗泽海盆、大西洋—印度洋海盆和南极东印度洋海盆。这些海盆一般深度为 4500～5000 米。

印度洋周围浅海区域大陆架面积为 230 万平方千米，约占印度洋总面积 4.1%，是 4 个大洋中大陆架面积最小的一个大洋，而且大陆架普遍比较狭窄，只是在波斯湾、马六甲海峡、澳大利亚北部、马来半岛西部和印度半岛西部边缘的大陆架宽度较大一些。大陆坡也不宽，但有一些大陆隆起以及水下冲积锥。主要的大陆隆起有非洲沿岸的厄加勒斯海台、莫桑比克海台、查戈斯拉克代夫海台等。水下冲积锥主要分布在恒河和印度河入海口附近地区。此外，印度洋底还有一个岛弧海沟带，它自安达曼群岛以西，到苏门答腊岛、爪哇岛、努沙登加拉群岛以南，是印度—澳大利亚板块向欧亚板块俯冲形成的。其中爪哇海沟长 4500 千米，深达 7729 米，是印度洋的最深点。

## 北冰洋海底地貌的特点

北冰洋不仅规模在 4 个大洋中最小，而且海水比较浅，海底地貌也比较简单。

在北冰洋中部，横卧着 2 条海岭，即罗蒙诺索夫海岭和门捷列夫海岭。罗蒙诺索夫海岭略呈西北东南走向，从新西伯利亚群岛起，经北极的中央部分，直达格陵兰海岸。门捷列夫海岭与罗蒙诺索夫海岭大致平行，在东西伯利亚海域符兰格尔岛与加拿大最北端的埃尔斯米尔岛之间，规模比罗蒙诺索夫海岭要小一些。两条海岭把北冰洋海底分为 3 个海盆，即南森海盆、加拿大海盆和马卡罗夫海盆。其中南森海盆深度为 5449 米，是北冰洋的最深处。

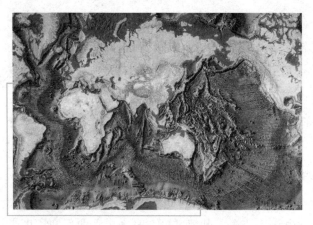

北冰洋海底地貌最突出的特点是大陆架非常宽广，总面积达 440 万平方千米，占北冰洋总面积的 33.6％，是世界 4 个大洋中大陆架面积占大洋总面积比例最大的一个洋。大陆架在北冰洋边缘地区均有

**海底地貌图**

分布，但主要分布在亚欧大陆一侧的东西伯利亚海、拉普帖夫海、喀拉海、巴伦支海、挪威海以及格陵兰海海域。在大陆架地区，有极为丰富的石油和天然气资源。沿海岛屿有煤、铁、铜、铅、锌等矿藏。

## 海底大峡谷

大陆坡上最特殊的地形要算是海底大峡谷了。它们大多是直线形的，谷底坡度比山地河流的谷底坡度大得多。峡谷两坡是陡壁。海底峡谷规模宏大，往往超过陆地上河流的大峡谷。

我国的长江三峡是世界闻名的大峡谷，峡谷两岸高差将近 800 米，底部有将近 100 米高的陡壁，构成箱子样的谷底。所以，当人们在三峡航行时，首先给人深刻印象的是河道两边直立的陡壁，将长江水流限制在一二百米宽的岩壁之间，十分雄伟。美国的科罗拉多大峡谷，两岸岩壁高将近 1000 米，两岸呈台阶状，一层层变窄，到谷底也有一层由最新地壳运动造成的谷底陡壁。像长江三峡、科罗拉多大峡谷这类宏伟的峡谷，在大陆上还是不多见的，而海底峡谷不但比陆地上的大峡谷要大得多，而且现已发现有几百条海底峡谷，分布在全球各处的大陆坡上。

大多数海底峡谷只在大陆坡上一段，向上到大陆架，向下到大洋底就消失了，与陆地上河流无关。但也有些海底峡谷可以同陆地上的河流相连接。像北美洲东海岸的哈德逊海底峡谷，它的源头是哈德逊河，河流流入海洋，在海底有个浅平的谷地，进入大陆坡海底谷地加深，谷底与海底的高差达1000米，到深海底时，峡谷消失。

神秘的海底峡谷

## 海底动物呼吸的演化

动物的呼吸即是动物将空气中的氧气吸进体内，供它新陈代谢之用，而把新陈代谢的尾产物排出体外。

生活在水中的单细胞动物，如草履虫，靠表面纤毛的摆动与外界交换气体，气体是从细胞表面透入，没有专门的呼吸器官。其他原生、浮游等动物也是采取这种呼吸方式。由多数纤毛细胞构成的群体，它们吸进和排出气体都用扩散的呼吸方式，纤毛细胞相互扩散，传递气体，同时凭借水沟系统使气体流动并扩散。腔肠动物水螅有触手及纤毛，水从口出入体腔时即进行呼吸。扁虫动物中的蠹虫的呼吸是导入海水进入肠内，气体就在肠子里交换。

水中的棘皮动物与海绵动物相比，它的水管系统更完备，有的种类中已含有赤血球；赤血球内含有红色质，红色质参与血液中的输氧作用。红色质的原始状态为沉淀状态。唇发展成为球体状态，棘皮动物的体壁上有凸出的皮鳃；有人称之为外鳃，可认为是最原始的鳃组织，棘皮动物中较为高级的海参，是从它的泄殖腔流入海水到达呼吸树的树壁上进行呼吸的。

背角无齿蚌

动物进一步进化到软体动物，如无齿蚌。无齿蚌就以瓣鳃来呼吸，它的每一片瓣状鳃就是一个呼吸单位。气体的交换即通过它来进行的。软体动物中数头足纲的呼吸器官较为完备，如乌贼，在外套腔前端两侧有一对羽状鳃，鳃上布满血管和神经，这里是呼吸器官，进行着气体交换；但头足纲中的海蛞蝓等也有用低级形式的肠呼吸的。

## 美人鱼的传说

世界各地有着许多关于美人鱼的传说，十分美丽而动人，其中要算安徒生童话里的《海的女儿》最为感人。它不但打动过无数读者的心，也给漂泊在海洋中的海员以美好憧憬与祝愿。1912 年，丹麦雕塑家爱德华·埃里克森根据安徒生童话并加上他自己的想象力，用紫铜雕塑了"海姑娘"的塑像，放置在哥本哈根港口海滨公园的沙滩上。那半鱼半人的"海姑娘"的雕像成为丹麦的象征和骄傲。

在航海史上曾经有这样的传说：一天，一艘威尼斯商船正从印度返航，当天夜晚，皓月似银，海平如镜，水手们忽然看见水面远处出现一个人身鱼尾的美人，裸着胸怀，抱着恬静吸奶的婴儿，但等到他们驶近，却什么也不见了。

这些遥远的传说和童话里的故事，相信的人毕竟不多。20 世纪 70 年代，流传着在阿拉伯西海岸曾发现一种上半身是鱼、下半身像人体的人鱼的说法，而且拍下了照片。但不少人不信，认为这是凭传说和想象绘制后拍摄的伪造品。

## 深海里的秘密生活

在广海水域活动及栖息的深海鱼，被人们称做远洋鱼类。到目前为止，对这些生物进行研究的大型探索活动还很少，与它们有关的知识大部分都来自于海洋渔业，人们通过撒网捕捞捕获大量的海洋鱼类，其中的一些被科学家获取，用以进行研究。事实上，科学家们对这些动物了解还相当少，在那些从海下3000米处捕捞上来的鱼类中，至少有50%都是未知种类，更无从了解它们是如何繁衍生息的。

我们可以假想一下，这些鱼类的数量很少，身处海底，之间相隔又很遥远，那它们是怎样聚在一起，又是如何繁衍、生生不息的呢？

大西洋洋中脊生态系统研究小组的科学家们，通过使用遥控操作车、下潜器、大型拖网和声呐设备等多种海洋生物调查手段，发现远洋鱼类是聚集在像大西洋洋中脊这样的海底山脉和深海山脊处产卵繁殖的。也就是说，深海鱼类的繁殖过程并不像我们所想象的那样在海水中随机地发生，而是"有目的、有计划"的。

这一说法的证据，是一组由声呐系统在海下2000米的地方获得的神秘"散射"层影像，这种影像，就像一层雾笼罩在海山某些区域的表面。而往往是海水里聚集有大量鱼鳔或鱼卵时，才有可能会产生类似的声呐信号。因此专家们推测，正是由于有大量的鱼群聚集，才导致声呐设备捕获了这种特征性的影像。

专家称，这是人们首次提出远洋鱼类是集体产卵，然后再分开各自生活这一观点。而鱼类的这种行为，需要它们具有一定的自体定位能力。但是，目前还无法判断是什么机制帮助这些鱼不远千里聚集在同一地区开始产卵繁育活动。

## 令人困惑的深海沉积物

在我国，大约有1/7的土地是石灰岩。石灰岩被弱酸性水经过漫长岁月的溶蚀，从而形成溶岩地貌，最壮观的有我国广西桂林的峰林以及云南路南的石林。

据说，石灰岩的90%是由海洋中的有孔虫、放射虫、硅藻等浮游生物的遗骸沉积而成的。不过，其沉积速度相当慢，1000年只沉积10毫米左右。桂林峰林的石灰岩层厚达3000～5000米，其沉积时间大约花掉2亿年。其后，由于地壳变动慢慢隆起成陆地，又经过大自然千百万年的"雕刻"，从而形成当今的奇峰异洞。

浮游生物遗骸的沉积速度虽然极慢，但它对古气候的研究却非常有用。因为从深海钻探得到的岩芯中浮游生物的化石中，能够明白从海底诞生时，直到现在地球的气候变化。而其中的某些信息，给古地磁的研究提供了重要的信息。即从沉积物中发现在过去的4000万年中间，地球磁极至少发生过140多次的逆转。

浮游生物还与地球温暖化有微妙的关系，即浮游生物能起到固定二氧化碳的作用。因为二氧化碳与钙能形成石灰石。因此，地球上约90%的二氧化碳被作为石灰石固定下来。如果浮游生物全部死亡，那固定二氧化碳的系统可能崩溃，大气中的二氧化碳浓度将上升，从而引起地球的温暖化。

## 神奇的海底村庄

在离红海苏丹港不远的海面下14米处，有一个建在海底的人造村庄。这是目前全世界独一无二的海底村庄。

这个海底村庄，共住着20多户人家，拥有50多名居民。虽然海面上波涛汹涌，但那里的居民生活得却异常宁静。

原来，这个海底村庄是科学家进行科学实验的产物，目的是研究海底建筑及人们居住在海底对健康产生何种影响，以便将来把陆地上的人向海洋转移。

在海底，海水的压力非常大，因此耐压对海底村庄的建筑物来说是必不可少的，不仅建材要坚固，结构也要十分新奇独特。其实，整个海底村庄，就是一幢特别大的屋子，屋顶呈锥形，以便分散水的压力，所有横梁和支柱，全部是坚固结实的特种钢管。房间的布局呈放射形，一个较大的客厅居于正中，卧室围绕在四周，每户以一间居多。房屋中所需的空气、淡水等，均通过特种管道从海面送来。室内的设施十分现代化，有电灯、电话、电视、空调及其他先进设备，住在里面非常舒适。

海底村庄里的居民，一般都在家里从事手工劳动。如果要外出到海面上，只需穿上潜水衣，开启客厅中的一个盖板，通过一条密封的玻璃钢通道，便可以轻松地从海底"走"到海面上来。

为了及时掌握住在海底村庄里居民的身体状况，科学家作出了一条严格的规定：每个村民每周必须接受一次体格检查。不过，迄今为止，所有海底村庄的居民身体都很健康。

## 海底奇特的"黑烟囱"

"黑烟囱"是耸立在海底的硫化堆积物，呈上细下粗的圆筒状，因形似烟囱状，所以被科学家形象地称为"黑烟囱"。它们的直径从数厘米到2米，高度从数厘米到50米不等。位于海底的"黑烟囱"堆积群及其堆积物有点像教堂或庙宇建筑的复杂尖顶，规模较大的堆积物可以达到体育馆体积大小的百万吨以上。

专家们认为，海底"黑烟囱"的形成过程很复杂，它与矿液和海水成分、温度间存在的差异有关。由于新生大洋地壳或海底裂谷地壳的温度较高，海水沿裂隙向下渗透可达几千米，在地壳深部加热升温后，淋滤并溶解岩石中的多种金属元素，又沿着裂隙对流上升并喷发在海底。它们刚喷出时为澄清的溶液，与周围的海水混合后，很快变成"黑烟"并在海底及其浅部通道内堆积成硫化物。

目前，科学家已经在各大洋的150多处地方发现了"黑烟囱"区，它们主要集中于新生大洋的地壳上，如大洋中脊和弧后盆地扩张中心的位置上。2003年"大洋一号"开展了我国首次专门的海底热液硫化物调查工作，拉开了进军大洋海底多金属硫化物领域的序幕。经过长期不懈的"追踪"，终于发现了完整的古海底"黑烟囱"，它们的地质年龄初步判断为14.3亿"岁"。此外，调查不仅进一步了解了大洋深处海底热液多金属硫化物的分布情况和资源状况，也为地球科学从理论上有一个新的质的飞跃做了铺垫。

## 海洋深处的活化石

自从海洋诞生以来，在烟波浩渺的海洋里就栖息着千万种海洋动物。有许多海洋动物由于地球环境的变化或经海陆变迁而灭绝成了"化石"，也有一类海洋动物在古海洋里出现过，后来失踪了，长期没被人们发现，人们误以为他们已经在地球上绝灭了，但后来又被人们发现了，人们把这些动物称为"活化石"动物。另有一类动物，它们适应环境能力很强，在古海洋里就有了，时至今日却没有多大变化，仍保持原样，故人们也把该类动物称之为"活化石"动物。

**海百合**

如节肢动物门的三叶虫，大约在6亿年以前的寒武纪，在海洋中大量繁衍了大约1.6亿年，此后，从古至今地球上从来就没有找到其踪迹，这是人所皆知的已绝灭的"化石"动物。

一种隶属棘皮动物门的身体像花一样的海百合，在3.4亿年以前的古海洋里摇曳生姿，后来不见了，人们以为这种动物已绝灭了，然而在1873年人们发现了一个活标本，之后相继发现，因此海百合被称之为"活化石"动物。

又如丹麦人的"铠甲虾"号海洋调查船在哥斯达黎加3450米深处捕到10个与古代蜗牛或帽贝有密切关系的动物，定名为"铠甲虾亲帽贝"，亦被称为"活化石动物"。该调查船还在非洲东岸肯尼亚大陆坡捕到一条钩虾（节肢动物门端足类），也是一类"活化石"动物。

也有一类动物如古老的腕足动物门的海豆芽和节肢动物肢口纲的中国鲎，它们早在4亿多年前的泥盆纪已问世，至今模样没变，人们亦称它们为"活化石"动物。

在脊椎动物方面有一种生活在3亿多年前的硬骨鱼类——矛尾鱼，被认为在数千万年前已经绝灭，然而在1938年，在南非的东南海岸，从150～400米的深海首次捕到一条活的，当即轰动世界，继后在南非的科摩罗群岛海域又相继捕到许多条，这种世界上罕见的史前鱼类——总鳍鱼类的再现，称其为"活化石"动物确为名不虚传。

再如，白垩纪是爬行动物的时代，大地在恐龙的足下振动，海中有7.6米长的节龙，空中也有展开两翼宽达8.2米的翼手龙。白垩纪结束，这些庞然大物纷纷绝灭，然而以"海蛇"出名的尼斯湖怪，在20世纪70年代人们又声称见到它的尊容，它可能是某种恐龙的后代。

1976年4月，一条日本渔船在新西兰海域305米深的网中捕到一只2000千克、9米长的动物，其颈有1.5米长、尾巴有1.8米长，还有4个鳍足。这种动物尸体随后被扔掉了，但据当时拍的照片和画的轮廓，古生物学家认为，那具神秘的动物尸体，可能是在1亿多年前非常繁盛的爬行动物——蛇颈龙。这说明这种"活化石"动物仍然时隐时现地生活在海洋的深处。

随着现代科学技术的不断发展，科学家们对深海世界的不断探索，必将会有更多的"活化石"动物在世界的海洋中被发现。

# 五彩缤纷的海洋植物

在碧蓝色的波涛汹涌的海洋世界里，生活着各式各样的生物，它们的形态是无奇不有，可称其为千姿百态；颜色更是五彩缤纷，耀眼夺目。它们在海洋里不仅能正常生活，还能生长发育、繁衍后代。由于它们的存在，才会有海的世界。在海的世界里，有2个大家族，一个是海洋植物，另一个是海洋动物。

海洋植物这个家族，根据它们各种各样的奇特体形和颜色以及不同的生活方式分成3大类。第一类是海藻类，数量和种类最多，大约有2万多种，是海洋植物中的主体，它们的特点是没有真正的根、茎、叶的区别，不能开花结果。第二类是海草类，这一类，种类和数量很少，只有几种，它们的特点是，有根、茎、叶的区别，也能开花，但不能结果。第三类是红树类，独树一枝，只有红树一种，它的特点是有根，茎、叶，形似树，所以叫红树。下面把它们中常见的一些种类介绍一下。

## 海中无花植物——海藻

### 海中牧草——随波逐流的浮游藻

浮游藻大都是一些单细胞藻类，在海水中随波逐流，到处漂浮，所以被称为浮游藻。它们的个体都很小，身体直径一般只有千分之几毫米，在

海　藻

发明显微镜前，人们不会知道还有它们存在。直到 17 世纪发明了显微镜之后，人们才逐步地认识了浮游藻。它们的个体虽小，但形状却多种多样，非常奇特，也很美丽，是其他植物所无法比拟的。

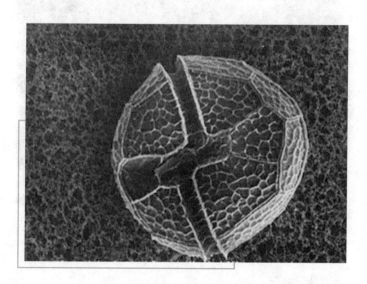

显微镜下的浮游藻

浮游藻的形状各有特色，几乎是一种一个模样。细胞的形状有球形、椭圆形、卵形、圆柱形、纺锤形、扇形，也有星状、树枝状等。

细胞的颜色也是多种多样的，有金黄色、绿色、褐色、红色，还有粉红色的，更为有趣的是，有的还能放射出灿烂的光，使夏夜的海滨显得分外绚丽多彩。

浮游藻的细胞壁的构造更是特殊无比。有的是由两瓣壳套合起来的，很像一个柳条箱，箱盖上面，有的像艺工按照图案精心雕刻出来的细致花纹。有的细小胞壁上有许多小孔和小室，有的有纵沟，还有的有小棘。

**图案精致的圆筛藻**

圆筛藻是单细胞，一般为圆盘形，也有六角形的。壳上面的花纹排列成种种式样，有的呈玫瑰形，有的呈直线形，有的呈辐射形。如偏心圆筛藻、线型圆筛藻。

显微镜下的圆筛藻

**有甲片的多甲藻**

甲藻都是一个细胞，藻体披有像古武士披的铠甲一样的甲片，所以叫甲藻。整个身体呈黄绿色或金黄色。形状也不一样，有的为双锥形，有的为三角形。如多甲藻为双锥形，前端细而短，圆顶状或长出两个角，后端钝圆、分成角，藻体的腹面凹入，甲片上有花纹。如有纹旋沟藻，藻体前端略尖，后端钝圆，并长有许多个小的短刺，甲片上有明显的条纹像些小沟一样。再如三角角藻，藻体有一个很长的顶角，有 2 个或 3 个底角，两底角弯曲向前很像铁锚。

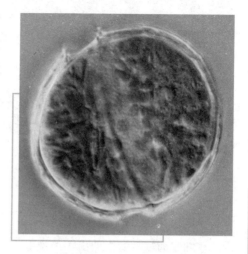

**显微镜下的多甲藻**

### 具有鞭毛的小金藻

藻体都是一个细胞，金黄色，细胞裸露在外面，只有一层薄膜。藻体顶端长出一根很细的鞭毛，由于鞭毛能够摆动，所以这种藻能运动。

### 链条状的直链藻

细胞呈短圆柱形或球形，由壳面结合成链状群体。壳环有点纹状。

### 能发光的夜光藻

藻体呈单细胞球形或肾脏形，有发光现象，夜晚在海边经常看到海水中闪闪发光，就是夜光藻发的光。成体横沟不明显，纵沟与口沟相通，末端生出一个触肢，两鞭毛退化，细胞中央为大液泡。

### 藻体能够摆动的颤藻

藻体由短筒形细胞连接在一起成为丝状，丝状体能够左右摆动，前后可以伸缩，细胞膜很薄。

五彩缤纷的海洋植物

具有鞭的管藻

藻体细长，横沟斜生于细胞前部，纵沟位于前端较细的部分（颈部）。鞭毛在纵沟末端，只有一条鞭毛。如刺前管藻。

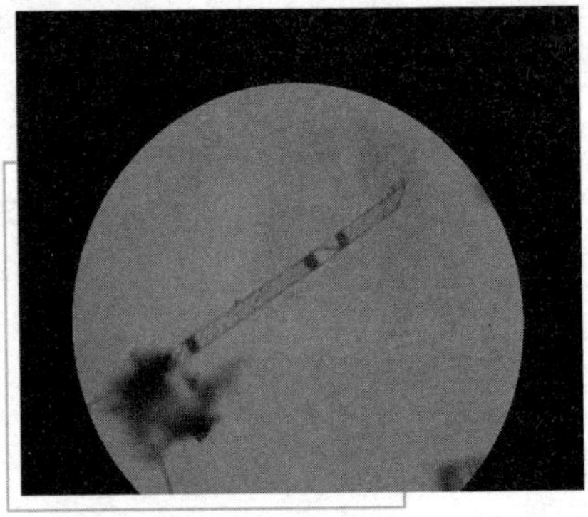

具有4条鞭毛的扁藻

藻体单细胞，扁平，背面有一条沟。在细胞前端从海中伸出4条鞭毛。

显微镜下的管藻

### 海中蔬菜——固定生活的底栖藻

海藻除了以上介绍的随波逐流的大都为单细胞的浮游藻外，还有栖息于海底的海藻，简称底栖藻。底栖藻在退潮时善于适应暂时的干旱和冬季暂时的"冻结"等环境。只要一涨潮，它们又开始在海水中正常生活。

底栖藻和浮游藻不同，它们大都是用肉眼能见到的多细胞海藻。小的终生只有几厘米长，如丝藻。最长的可达二三百米，如巨藻。底栖藻的形状多种多样，有的像带子，如海带。有的是片状，如石莼、紫菜。有的像树枝状，如马尾藻。还有的像绳子，如绳藻。它们都没有像高等植物那样的根、茎、叶的区别，不能开花结果。内部结构也比高等植物简单得多，有的藻类只有一层很薄的细胞，如礁膜。有的有两层细胞，如石莼。有的是中空管状，如浒苔。还有的藻体可分为外皮层、皮层和髓部，如海带、马尾藻。

底栖藻的颜色很美丽，有绿色的，有褐色的，还有红色和蓝色的。根据它们的不同颜色，把底栖藻再分成3类，即绿藻类、褐藻类和红藻类。

因为它们大都可食用，味鲜美而且营养丰富，所以有人把它称为海中蔬菜。

### 绿色蔬菜——石莼、浒苔、礁膜、刺海松

藻体呈草绿色，有单细胞的，有群体的，有成丝状的，还有片状的。它们分布很广，各海区都可以找到。但过冷或过热的海区生长的种类少，数量也少。一般来说，生长的水层要比其他藻生长的水层来得浅。在水温高的海区生长繁茂。

石莼藻体为草绿色叶片状，由两层细胞组成，"茎"很短，有的"茎"不明显，"茎"部生有盘状固着器，固着在潮间带的岩石上，早春出现，夏季消失。石莼对光线和温度的适应性很强，全年都能生长。其分布极广，我国各海区沿岸都能生长。沿海

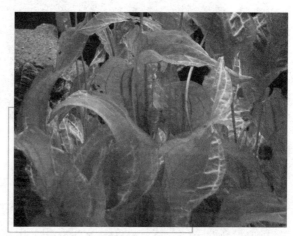

石 莼

居民常采幼嫩的石莼做汤吃，成熟后，可做猪、鸡的饲料或肥料。因石莼有"水下利小便"和解毒的作用，因此它还可以做清凉剂，治疗疮疖等病。石莼的食法不一，山东半岛喜欢将石莼和玉米面做成饼子或汤，辽东半岛是将石莼和面做成面条。

浒苔藻体草绿色，管状中空，体壁由一层细胞组成，单条或有分枝，圆柱形。它由茎部细胞伸延的假根丝组成固着器，发育初期固着在岩石上生活，长大后，有时漂在水中生活。浒苔在我国分布很广，是我国浙江、福建等省人民非常喜爱的食用海藻，除鲜吃外，还可将其制成苔条粮、苔条饼。北方沿海居民多用它做饼子、包子、菜汤等。福建南部居民通常将浒苔弄碎，用油煎过混入其他作料作为春饼的调味品。它也可做牲畜、家禽饲料。

五彩缤纷的海洋植物

浒　苔

礁膜藻体呈草绿色，一层细胞，幼期像浒苔，中空呈囊状，成长时，由顶端开始分裂成裂片，它分布很广，我国各海区都能生长，是绿藻中经济价值最高的一种，体软味美，它可食用。山东半岛沿海居民采后晒干贮存，一般常和玉米面制成饼子或包子，做菜汤，也可做饲料。

刺海松藻体下部横卧，上部直立、直立的部分高 10 ～ 30 厘米，藻体为圆柱形叉状分枝，分枝是由具有很多核的细胞组成的。

刺海松生长在低潮附近的岩石上，多年生，全年都可生长，夏季特别繁盛。它可食用，广东人民常用它煮水，作为清凉饮料。

**褐色蔬菜——海带、裙带菜、鹅肠藻、鹿角菜、羊栖菜**

藻体呈褐色，多细胞，有的呈丝状，有的呈片状或叶状，还有的呈囊状、管状、圆柱状或树枝状。一般都有圆盘状或分枝状的固着器或假根，假根上面有"柄部"及"叶部"，通常称为假茎和假叶。

褐藻大都生在海洋中，尤其在温度低的海洋里生长更为繁盛，如巨藻、海带等。

海带是褐藻中我们最熟悉的一种，原产于日本海，现在已自然生长在

海 带

辽东和胶东两个半岛的肥沃海区，如大连、烟台、青岛等地。近年来，我国沿海劳动人民经过多次科学实验，已在东海、南海移植成功，目前海带的人工养殖已在全国沿海普遍进行，养殖面积年年扩大，单位面积产量日益增长。

海带是因它的形状像带子而得名的，它的长度一般为2～4米，宽为20～30厘米，生长茂盛的长可达5～6米以上。

海带为褐色，在藻体上明显地分出"叶片"、"茎"和"固着器"三部分。固着器是海带的"根"，但不能起高等植物根的作用。在固着器上生有分枝，分枝的末端有一个吸盘，将藻体固定在岩石上。"叶片"像一条带子，叶子中间有两条浅沟，叫中带部，比较厚，边缘有较薄的褶子。

海带有很高的经济价值，除食用外，还可以提取碘，褐藻胶和甘露醇等工业原料。

裙带菜也是一种大的褐藻，它能忍受高水温，因而在暖流海区生长较好，我国辽宁、山东、浙江等省沿海裙带菜都能生长。它的幼苗与海带的幼苗相似，山东沿海群众通称它为海带。也有叫它"海带菜"的。

裙带菜长大后与海带有明显的区别，一般长1～1.5米，宽60～100厘米。它的外形像一把大的破葵扇，也像裙带，所以又叫它裙带菜。它的固着器略粗大，用它附着在岩礁或其他物体上，"茎"扁平，当藻体快成熟时，"茎"的两侧就相对生长出形状像木耳的东西，俗称"耳朵"，这就是裙带菜的孢子叶，它是一年生的，在自然环境中，一般是在11月份开始生长，到第二年7月放出孢子后，就从"叶片"尖端开始腐烂脱落，结束一生。

裙带菜有很高的食用价值，日本和朝鲜非常喜欢食用，我国每年都向日本出口裙带菜。

裙带菜

鹅肠藻是生长在我国东海和南海潮间带岩礁上的一年生海藻。冬季生长更为繁茂。鹅肠藻为黄褐色，"叶子"扁平，也有带子状的，但是"叶"的中间没有中肋，一般能生长到25厘米，它是很受群众欢迎的副食品。

鹿角菜藻体新鲜时为黄橄榄色，干燥时为黑色。它有圆锥形的固着器，"茎"多为扁圆形，茎上有重复的叉状分枝，分枝上生有繁殖能力的小枝。

鹿角菜是我国黄海特有的一种褐藻，是我国北方沿海群众非常喜欢食用的海藻。此外，它含有大量的褐藻胶，质量很好。

羊栖菜是我国沿海各地分布很广的一种食用海藻。藻体黄褐色，肥厚多汁，一般能生长到15～40厘米，有的也能生长到2米以上，它的固着器为圆柱状的假根，假根醯长短不一致，主干为直立圆柱形，生有小枝，有的小球顶端膨大，中间是空的，含有气体，有帮助藻体浮起的作用，通称为"气囊"。也有的小枝两端稍细，中间为圆柱体，这是羊栖菜的"叶子"。

"叶"和气囊不一定同时生长在同一藻体上，有些羊栖菜终生只生有"枝"、"叶"。羊栖菜除食用外，还可以做药用。

### 红色蔬菜——紫菜、石花菜、鸡毛菜，海萝、蜈蚣藻、麒麟菜、江蓠、叉枝藻、三叉仙藻、鹧鸪菜

藻体呈紫色或紫红色，大多数为多细胞，单细胞的很少。有丝状的、片状的，也有分枝状的。形状多种多样，有圆形的、椭圆形的、带形的，还有的在分枝和关节中含有石灰质，所以又叫珊瑚藻。红藻大多数生长于海洋中，一般生长在低潮线附近潮线以下 30～60 米水清的海区，有的种类甚至能生长在 200 米的海底。

紫　菜

紫菜。藻体是由单层或双层细胞组成的叶状体，基部由盘状固着器固着于基质上，体长一般为 15～20 厘米，个别藻体可达 20～70 厘米。

从我国海南岛东北部一直到北方的沿海，紫菜都能生长。常见的有甘紫菜、条斑紫菜、边紫菜。南方常见的有坛紫菜、圆紫菜、长紫菜等。紫菜含有丰富的蛋白质，多种维生素和无机盐，营养价值较高，是我国人民自古以来就喜欢食用的海藻。

石花菜。石花菜是多年生，一般生长于低潮线下岩石上，在北方生长的水层较浅，在南方生长的水层较深，水流急而清的地方生长良好。石花菜是制造琼胶的主要原料。它也可制冻粉，是一种很好的副食品。

鸡毛菜。藻体呈紫红色，直立，枝扁压，羽状分枝，基部由纤维状的价根固着于基质上，体长一般可达 5～12 厘米。它生长在潮间带的石沼内或低潮带附近的岩石上，在黄海、渤海沿岸都能生长，可做琼胶的辅助原料。

海萝。藻体呈紫红色，丛生，圆柱形，有叉状或不规则分枝，分枝基部略为收缩，顶端圆或尖细，有盘状固着器，体长可达 6～15 厘米，但一般都在 10 厘米以下。海萝生长在中潮带的岩石上，耐干性比其他海藻强，一般向着波浪和阳光方向生长。

蜈蚣藻。藻体呈紫红色，柔软稍黏滑，丛生，直立枝扁平，线状，基部生一盘状固着器，有的分枝中间是空的或全部分枝都是空的。体长为 7～25 厘米。蜈蚣藻除可食用以外，还可以做驱虫药。

麒麟菜。藻体呈紫红色，多肉，具有不规则分枝，枝稍扁压或为叉状，周围生出疣状突起，突起为刺状或疣状。

麒麟菜为热带性的海藻，盛产于我国台湾、海南岛及东沙、西沙群岛、生于低潮线下的珊瑚礁上或岩石上。它可食用，还可做琼胶辅助原料。

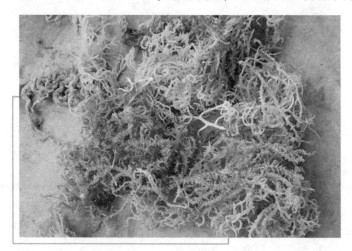

麒麟菜

江蓠。藻体呈紫红或灰绿色，丛生，枝为圆柱状，有分枝，高为15～60厘米，生于低潮带附近砂砾上，江蓠含有胶质，可做制琼胶的辅助原科。

叉枝藻。藻体为暗红或紫红色，坚硬，具有两歧分枝，丛生，生于低潮线附近岩石上。叉枝藻含有胶质，可做琼胶的辅助原料。

三叉仙藻。藻体呈紫红色，也有略带黄色的藻体，纤细，直立，丛生，分枝茂盛，有两个、三个或四个叉，有不明显的节，生于低潮带的岩石上。它可食用，也可做琼胶原料。

橡叶藻。藻体呈鲜红色，叶状，边缘具有稀疏的锯齿，叶片中部有明显的中肋，高1～4厘米，生于大干潮带岩石上。

鹧鸪菜。藻体呈暗紫色，干燥后变黑，丛生，高1～4厘米，叶状，扁平，具有不规则的叉状分枝，叶片中央有明显的中肋，它生长在温暖的海区，河口附近高潮带的岩石上。鹧鸪菜是我国劳动人民自古以来用来驱除蛔虫的药用海藻。

### 海藻王——巨藻

巨藻是海藻中个体最大的一种藻类。人们称它为海藻王。它原是生长在美国加利福尼亚、墨西哥和新西兰沿岸，一般长达数十米，有的可达几百米。修长的身躯，在几十米深的海水里亭亭玉立，随波摇曳，形成繁茂秀丽的"水下森林"。

巨藻生长得很快，每天可以生长60多厘米，全年都能生长，每3个月收割一次，亩产可达50～80吨。它的寿命也很长，可以生活12年之久。巨藻的根有固着作用，叫固着器，一颗大巨藻的固着器直径

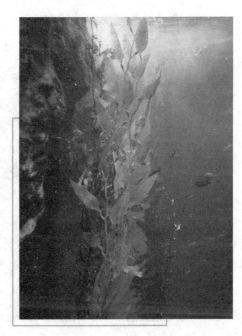

巨藻

可达 1 米。巨藻的柄有韧性，可弯曲，柄上生有许多叶片，叶片长为 34～102 厘米。宽 6.5～17 厘米。每个叶片有一个叶柄，叶柄中央是一个直径为 2～8 厘米，长 5～7 厘米的气囊。由于气囊的作用，可使藻体浮在水面，使碧波荡漾的海面呈现出一片褐色，所以还有人把巨藻称为大浮藻。

巨藻用途十分广泛，在国外用它做生产食物、燃料、肥料、塑料和其他产品的原料。这是因为它含有 39.2% 的蛋白质和多种维生素及矿物质的缘故。巨藻还可以用来做生产沼气的能源，也可以从中提取碘、褐藻胶、甘露醇等工业产品，同时还为许多经济鱼类提供了繁殖和生活的良好场所。

巨藻的生活能力很强，一般在海面下 7～30 米的水层中都可以生长。生长的适宜水温在 23℃ 以下。

### 海中有花植物——海草

海草是海生维管束植物。它们能开花，有根、叶。

我国北方沿海常见的有大叶藻和虾形藻两类。

大叶藻生长在浅海泥沙的海底，叶细长呈带状，长 30～150 厘米，宽 7～15 毫米，生活时具有鲜艳的绿色。地下茎很发达，分枝纵横于泥沙之中。

海草

从春节到初夏生长繁茂，花呈淡黄色。

虾形藻生长在有岩石的海底，分枝较密，匍匐的茎和根固着在岩石上。叶细长，呈鲜绿色，一般长 30～140 厘米，宽 2～4 毫米。3 到 4 月份长出花枝，花被花苞包着，从外面很难看到。

**海中的树林——红树**

在我国南方沿海某些地区的海滩上，生长着大片的红树林。每当海水涨潮淹没海滩时，这些茂密的红树林就好像漂浮在海面上的绿洲，所以有人称为"碧海绿洲"。

红树林大都生长在气候炎热，温度变化小，雨量丰富而均匀的地区。在我国，主要分布在广东、福建和台湾沿海一带。它们不仅喜欢炎热的气候，而且喜爱风平浪静的环境。在开阔的海岸，它经不起长期风浪的侵袭，因此通常在湾头、溺谷或有岛屿沙洲做屏障的曲折地区生长良好。

红树林都是盐性植物，叶厚，多为肉质，表皮角质化，有光泽。它们有根、茎、叶，和陆地上的树木相似。为了适应海潮和风浪，它们在树干上长出许多支柱根（也叫呼吸根）垂入地下。这些交叉的根系还使水流和波浪在林内迅速减弱，从而使水流带来的物质较快地沉积下来，使海滩迅

红树林

速扩展和增高。

红树林靠种子繁殖，但又不同于陆地的树木种子。它的种子是"胎生"，就是说种子成熟后，不放出来，也没有休眠期，而是悬挂于母体上发芽，从母体获得养分，长成幼苗。当幼苗长到一定长度以后，开始脱离母体，借助本身的重量下落插入污泥中。在数小时内，其下端即长出侧根，将幼苗固着于污泥中并吸收养料。上端长出枝和叶。大多数幼苗由母树坠落在水中时，常被海潮携带漂浮到另外地方，到达适宜生活的地点后，就在那里安家落户，发育成子树。

红树林的用途很广，能防风、防浪、增加海滩面积。树皮和根内含有丰富的丹宁，可做鞣料供制皮革用。枝、叶煮汁可代替奎宁服用。有的果实味甜可食，汁可酿酒。

## 绚丽多彩的海底植物

海洋中利用叶绿素进行光合作用以生产有机物的自养型生物，从低等的无真细胞核藻类到高等的种子植物，门类甚广，共 13 个门，1 万多种。其中硅藻门最多，达 6000 种；原绿藻门最少，只有 1 种。海洋植物以藻类为主。海洋藻类是简单的光合营养的有机体，其形态构造、生活样式和演化过程均比较复杂，介于光合细菌和维管束植物之间，在生物的起源和进化上占很重要的地位。海洋种子植物的种类不多，只知有 130 种，都属于被子植物，可分为红树植物和海草两类。它们和栖居其中的其他生物，组成了海洋沿岸的生物群落。

海藻是海洋植物的主体，是人类的一大自然财富，目前可用做食品的海洋藻类有 100 多种。科学家们根据海藻的生活习性，把海藻分为浮游藻和底栖藻两大类型。

蓝藻、硅藻、甲藻、金藻和部分单细胞的绿藻，很多是海洋动物如甲壳类、贝类、海参、梭鱼、锚鱼和鲸类的饵料，对海洋动物的增养殖具有重要的作用。中国沿海常见的蓝藻约 200 多种，藻体具有胶质，蓝绿色或墨绿色，比较黏滑。红藻约500种，多数呈红色、暗红色或紫红色，经济价值比较高，资源比较丰富，中国沿海比较常见的约250种。有些种类已经进行人工养殖，如：红毛菜、紫菜、麒麟菜等，都是人们喜爱的食品；石花菜、琼枝、江篱、角叉菜、凝花菜等是琼胶和卡拉胶等医学和食品工业的原料；表面具有碳酸钙包被、外型像珊瑚的石枝藻、鹧鸪菜和海人草等都是医药工业的主要原料。褐藻约300种，中国沿海比较常见、经济价值比较高、资源比较丰富的约有150种。目前已进行人工养殖的海带、裙带菜、羊栖菜，都是褐藻胶、甘露醇、碘和氯化钙的主要工业原料，又是人们喜爱的食品，这类褐藻主要生长在黄渤海和东海沿岸。马尾藻自然资源丰富、是种类最多、经济价值很高的一类褐藻，主要产于中国南海。

海洋种子植物种类较少，主要生长在低潮带石沼中或潮下带岩石上，常见的有大叶藻、红须根虾形藻和盐沼菜。它们都是重要的经济种类，主要用于造纸和建材工业。

## 海洋植物的生活

每当我们仔细观察各种海洋植物的生长情况时，很容易发现，有的生长在深水层，有的生长在浅水层，有的生长在热带海区，有的生长在寒带海区。这是因为，不同种的海洋植物有不同的遗传性，它们对周围环境的要求也各有不同。这里所说的环境，主要是指光、温度和营养盐。光不仅是能源，而且是可以使海洋植物生长的重要因素之一。矿质营养元素是海洋植物必不可少的营养元素。海洋植物和环境之间的关系是十分密切的。

### 海洋植物的能源——光

人们吃的粮食中，都贮藏着许多能量，这些能量可供给人们正常生活。粮食中的能量是从哪里来的呢？它是通过农作物，如小麦和水稻等的叶子吸收太阳能，再经过复杂的生化反应，把太阳能转化为化学能贮藏在植物的体内和种子中。同样，海洋植物也能吸收太阳能，把太阳能转化为化学能，用于本身的生长或贮藏起来。

海藻和所有的绿色植物一样，在它的细胞里含有叶绿体，叶绿体内含有叶绿素。叶绿素是一种很特殊的有机物，在太阳光能的作用下，它能把吸收到体内的水和二氧化碳合成有机物，并释放出氧气，这个过程叫光合作用。通过光合作用能制造出一些比较简单的有机物，然后再把这些简单的有机物，转化为复杂的有机物。海藻就是依靠这些有机物构成自己的身体和繁殖后代。

太阳能为太阳发射出来的一种电磁波。其中可见部分也叫光波。光波有长有短。光波短的称为短波光，光波长的称为长波光。短波光可透入200余米的水层，长波光一般只能透入几十米的水层。光波不仅长短不同，而且颜色也不同。我们所看到的太阳光波是由红、橙、黄、绿、青、蓝、紫7种颜色组成的。红、橙、黄色的光波较长，在海面下几十米深的地方就被海水吸收掉。绿、青、蓝、紫色的光波较短，它们能透入深水层。不同种类的海洋植物需要的光线强度和波长不同，所以分布的水层也不同。如绿藻主要吸收利用红光，所以一般只生长在5~6米深的水层中。褐藻是吸收和利用橙光和黄光，所以一般生长在30~60米的深水层中。红藻是吸收和

海洋植物

利用绿光和蓝光，所以在200米左右的深水中也能生长。但也不是绝对的，如红藻中的紫菜和海萝，因为它们含有胶质膜，不怕暴露在空气中，所以它们分布在比较浅的水层中。海带虽然是褐藻，如果人工养殖管理得法，在上层水里也能正常生长。

海洋植物由于吸收的光波不同，所以颜色也不同。以底栖藻来说，大体上有绿色、褐色和红色之别。绿藻多分布在上层，主要吸收红光，其他颜色的光波被反射出来，所以人们看到的是绿色。褐藻主要吸收橙光和黄光，其他颜色的光被反射出来，所以看到的是红色。当然，海洋植物的颜色，除了与吸收和反射的光线有关外，还与它所含的各种不同色素有关，如绿藻主要含叶绿素甲、叶绿素乙；褐藻除含叶绿素甲、叶绿素丙及胡萝卜素外，还含有藻褐素，红藻除含叶绿素甲、叶绿素丁及胡萝卜素外，还含藻胆素。海藻由于所含的色素不同，所以反映出来的颜色也不同。

### 海洋植物生长的要素——温度

温度和生命是紧密地联系在一起的，因为温度直接或间接地影响着一切生物的生存和死亡。不同种类生物，对温度的要求是不同的；有的生物喜欢高温，有的生物则喜欢低温。但不管哪种生物，只有当温度条件对它们生长发育适宜时，才能正常生活下去，当温度条件对它们的生长、发育不适宜时，它们就不能正常生活，甚至死亡。就拿海带来说，它是一种喜欢低温的海藻，在1～13℃的条件下，生长较好，一天可以生长30厘米。如果超过20℃时，生长缓慢或停止，温度再高时开始腐烂、脱落，最后死亡。自然生长在海底的海带，有的经过炎夏后，只剩下茎上部，即所谓生长部的部位。当温度适宜时，再延续生长，一直到第二年的夏季。其他海藻也是这样，都有一个适宜它们生长、发育、繁殖的温度范围。

不同海藻对温度的要求不同，所以分布的海区也不同，有的在热带海区，有的在温带海区，有的在寒带海区，我们称这种分布为水平分布。如团扇藻喜欢高温度，海带喜欢低温，石莼在低温和高温的海水中都能生长。海洋工作者根据海藻对温度的不同要求，把海藻分为广温性、狭温性两种。

海水的温度随气温的变化而变化，所以全年中的水温也在变化。海水温度的变化幅度，一般在 $-3.3 \sim 35.6℃$，但不同海区因为纬度不同，温度的变化也不同。如热带海区全年水温只相差 $2 \sim 8℃$。我国因海域较浅，受大陆气温影响较大，所以海水温度变化不大。因此，不同种海洋植物的生长分布情况也就各有不同，如在青岛附近，海水温度全年相差约为 $25℃$。冬、春季的水温一般在 $5 \sim 15℃$，是海带、裙带菜等生长的最好时期。夏季的水温一般在 $20 \sim 25℃$，是团扇藻等生长发育的最好季节。

### 海洋植物的食物——矿物质

海洋植物在生活过程中，需要的矿质营养元素有十几种之多，其中需要量最多的主要有氮、磷、钾、碳、氢、氧、钙、镁、硫、铁等，这些元素被称为大量元素；还有一些需要量比较少的元素，如锌、锰、硼、碘等，这些被称为微量元素。

海洋植物所需要的这些矿质营养元素，除绝大部分碳和一部分氧是从空气中的二氧化碳中取得的外，其他都来自海水。

在海水中，海洋植物所需要的矿质营养元素的含量是不一致的，有的海区高一些，有的海区低一些。特别是氮和磷更为显著，一般说来，含氮量高的为肥海区，含氮量低的为瘦海区，这对海藻养殖尤为重要，瘦海区必须施肥，海藻才能长得茂盛。

海洋植物所需要的这些元素，有的是构成细胞质和细胞壁的成分，有的控制着细胞的生命活动，有的能起调节、催化作用，还有的可以帮助吸收养料和水分。如果缺少了它们，海洋植物就会出现病态，甚至失去生命。

## 海洋植物是怎样传宗接代的

自然界的生物都有一个传宗接代的问题，但传宗接代的方式是各不相同的。海洋植物的生殖方式大体上可分为营养体繁殖、无性繁殖和有性繁殖3种。

### 分裂出来的小生命——营养体繁殖

当单细胞的海洋植物长到一定大小时，就会进行细胞分裂，由一个细胞分成两个。这两个细胞逐渐长大，成为新的藻体。这种生殖方式我们称它为营养体繁殖。有的多细胞藻类，也能进行营养体繁殖，一般是藻体生长到一定时期可以断裂成若干部分，每个部分各自可以生长成新的藻体。例如，当石莼生长在河口的水中时，从原藻体上断裂下来的碎片，可以继续生长成新的藻体。还有的如紫菜和石莼，当把它们的藻体磨碎后，将分离出来的营养细胞进行培养时，也能长出小的藻体。这些也被称为营养体繁殖。

### 孢子生殖——无性繁殖

海藻在进化过程中，繁殖新个体的能力，渐渐地集中在藻体的某一部分。于是，就形成了无性的繁殖器官——孢子囊。在孢子囊中产生了许多孢子。孢子是一种无性的生殖细胞，它成熟后，从孢子囊中放散出来，不必经过受精作用，在水中就能够直接发育成新的藻体，这种生殖方式叫无性繁殖，也叫孢子生殖。

海藻的孢子分为2种，有的孢子生有2根或4根鞭毛，有时可生出许多纤毛，这些孢子都能够在水中游动，所以叫游孢子。在水中不能游动的称为不动孢子。游孢子和不动孢子都能直接萌发成新的藻体。

### 精卵结合的植物生殖——有性繁殖

植物界最先出现的细胞分裂是一种无性的繁殖形式，后来在进化过程中，又出现了有性繁殖。有性繁殖对植物进化起了重大作用。

有性繁殖是植物有机体在繁殖过程中，有性行为发生。所谓性行为，就是指两个细胞（配子）结合起来，变成一个新的细胞（合子），然后由合子再发育成为新的个体。

海洋植物的有性繁殖可分为同配、异配和卵配3种。"配"指的是配子，配子是一种有性生殖细胞。配子有雄雌之分，它们的形状与游孢子相似。由大小、形状相同的配子相结合的，称为同配口。由两个大小不等，形状相同，能活动的配子相结合的，称为异配。两性的配子有明显的区别：雄配子的体型较小，生有鞭毛，能够在水中游动，通称为精子；雌配子的体型较大，体内贮藏有丰富的营养物质，通称为卵子。精子与卵子相结合而成为受精卵，受精卵萌发为新的植物体。

## 美丽的海百合

海百合是一种棘皮动物，身体分为茎（包括根部和柄）、萼、腕 3 部分，大多以茎固着生活于海底，远远望去，好似植物中美丽的百合花，因此而得名。海百合的茎由一系列钙质茎环连接而成，基底有时生根，或呈锚状，用以固着于海底。茎的顶端为萼，形似花萼。萼上生着 5 个具有许多羽枝的腕。现代海百合中无茎的种类，借助腕上羽枝的摆动可以在海底移动，主要生存于浅海，有茎的种类则过着固着的底栖生活，从潮间带到深海都有分布，生活在清澈的海水里，在印度洋到太平洋底部常常密集成群。

美丽的海百合

古生代和中生代的海百合，大多在浅海底栖息。海百合类最早出现于距今约 4.8 亿年前的奥陶纪早朝，在漫长的地质历史时期中，曾经几度（石炭纪和二叠纪）繁荣。其属种数占各类棘皮动物总数的1/3，在现代海洋中生存的尚有 700 余种。

海百合在死亡以后，这些钙质茎、萼很容易保存下来成为化石，由于海水的扰动，这些茎和萼总是散乱地保存，失去了百合花似的美丽姿态。但如果它们恰好生活在特别平静的海底，死亡以后，它们的姿态就会完整地保存下来，成为化石。由于这种环境比较苛刻，所以这样的化石十分珍贵，不仅为地质历史时期的古环境研究提供重要的证据，也逐渐成为化石收藏家的珍品，甚至被当做工艺品摆放。

在海百合类繁盛时期形成的海相沉积岩中，海百合化石非常丰富，甚至可以成为建造石灰岩的主要成分，但所见到的，多为分散的茎环。海百合化石的主要成分是单晶的方解石，通常是白色的，有时会混入三价铁离子，呈现鲜艳的红色，在青灰色围岩的衬托下十分美丽。含海百合化石十分丰富的灰岩被地质学家称为海百合茎灰岩，一些当地的居民，开采出这些岩石，磨制成各种各样的工艺品，美其名曰"百合玉"，深受人们的喜爱。

# 海底动物纵览

## 水中生物呼吸妙趣多

同人一样，水生家族也是须臾离不开氧气的。海洋浩瀚，鱼儿纷纭。众多的水生家族呼吸方式亦不尽相同，这一呼一吸、一吐一纳，引出不少奇妙的故事。

我们知道，大多数鱼儿是用鳃呼吸的。鱼的头部两侧生长着两个鳃裂，鳃片是由梳子状整齐排列的鳃丝组成的，鳃丝上密布着红色的微血管。鱼类的嘴一张一合，就把水吞入口中，水经过鳃丝时，上面的微血管就摄取了水中的氧气，同时把二氧化碳排到了水中。鱼类也有鼻子，但它的鼻子只是一种嗅觉器官，而且不和口腔相通，因此，它的鼻子是不能用来呼吸的。

有些鱼儿除了用鳃呼吸之外，还有辅助呼吸器官，一旦生活环境和生活方式有了变化，它们就启用"辅助呼吸器官"维持生存。

鳗鲡是一种酷爱旅游的鱼类。南方的雨季，是它们最高兴的时刻，鳗鲡纷纷弃家出游。它们从栖息的河流迁移到另一个水域。到了夏末秋初，鳗鲡就要离家去"长途旅行"，从江河出来，奔向大海，进行三四千千米的旅行。鳗鲡离开江河上了陆地之后，就不用鳃而用皮肤呼吸了。它身上的鳞已退化，皮肤特别薄，上面布满了微血管，可直接与空气交换，达到呼吸的目的。这种呼吸就叫"皮肤呼吸"。

海蛇在海水中潜行,所需的2/3氧气靠肺部从海面吸足,剩下的1/3氧气就要靠皮肤从海水中吸取。海蛇有一个不完全分隔的心室,这与哺乳动物的心脏相比是一种原始的特征。在哺乳动物中,血液在周身循环后返回心脏再到肺部进行气体交换,摄取氧气后再返回心脏进行第二次体内循环。如果海蛇也采用这种循环方式的话,那么氧气必将很快被消耗光。事实上,海蛇的血液绕过肺部压送到皮下毛细血管,这样血液可以从周围海水中吸收氧气,排出二氧化碳和血液中的氮。倘若海蛇不用这种方式排出血液中的氮,当海蛇快速浮出水面时,血液中的氮就会因压力减少而生成气泡,阻碍了血液流通,使海蛇患上"潜水病"而死亡。

"缘木求鱼"这个成语,出自孟子之口。对于生活在北方的孟子来说,爬到树上去捉鱼,那是荒诞的事情。可孟子不知,我国南方有一种攀鲈鱼,就能爬到树上捉昆虫吃。从表面上看,攀鲈与其他鱼类没什么两样,但是它的鳃盖、腹鳍和臀鳍上都生有坚硬的棘,它就是依靠这些来攀登上树的。那么,它长时间离开水,靠什么来呼吸呢?原来,它的鳃腔内有个"辅助呼吸器"。它的鳃腔背部生有像木耳一样皱褶的薄骨片,叫迷路囊,上面有丰富的微血管,能够呼吸空气,维持生存。

螃蟹呼吸时,需要鳃和腿相配合。螃蟹生活在水中时,从螯足的基部吸进新鲜海水,水里溶解的氧就进入鳃的毛细血管,水从鳃流过后由口器的两边吐出。在澳大利亚昆士兰州的海边上,有一种股窗蟹,当它在海滩上匆匆为生计奔忙时,时而会突然停下,抬起腿,像是稍事歇息,又像在谛听什么。其实,它是在用腿进行呼吸。它的腿上长了片薄膜,像是开了扇窗户,可专门用来呼吸,如将其堵上,它就会窒息而死。

有些鱼类在海中不同水层采取不同的呼吸方法。鳐鱼扁扁的身子,长长的尾巴,活像一把大蒲扇。它的口和外鳃孔长在腹面上。在水中游泳时,它就用口和鳃来呼吸。当它匍匐在海底柔软的泥沙上静卧时,就不能采用这种呼吸方法了,因为这样会把泥沙和水一齐吸入,从而把脆弱的鳃丝阻塞。这时,鳐就得改变呼吸方式,利用背部的喷水孔来呼吸。喷水孔有一个能活动的瓣，它用喷水孔吸水，用鳃孔排水，这样就避免泥沙进入鳃丝了。有一种比目鱼，在水中呼吸时，水从口里进，鳃孔出，当它将吻部露出水面时，水流就从鳃孔进去，然后从口中喷出，好似一座小小的喷水池，水可以喷出 1 寸多高。

鱼类的呼吸有快有慢，在不同种类中，有时呼吸的速度相差很远。例如，隆头鱼平均每分钟呼吸 12 ~ 15 次，箬鳎鱼为 30 ~ 35 次，鳗鲡为 30 ~ 40 次，鳐为 40 ~ 50 次，刺鱼为 120 次。有趣的是箱鲀的呼吸，它的头部和躯干形成一个坚固的骨箱，为了使水能连续不断地流进鳃部，它只得不停地"喘气"，并不停地扇动胸鳍帮助水流过鳃部，像一个抽动的"风箱"。据观察，箱鲀在休息时，每分钟喘气达 180 次之多。

## 形形色色的鱼鳍

鱼是用鳃呼吸，以鳍运动，终生生活在水中的脊椎动物。因此，鱼鳍是鱼类生活中必不可少的重要游泳器官。典型鱼类游泳的动作是波浪式的，用头把水推开，借鳍的运动，使身体从左向右蜿蜒前进。

鱼鳍的功能除了用于游泳外，还有保持身体平衡、操纵游向和刹停的作用。鱼鳍可分为奇鳍（背鳍、臀鳍和尾鳍）和偶鳍（胸鳍和腹鳍）。

鱼背上的背鳍，能使鱼不致向侧旁倾翻，它与鳃后两侧的胸鳍共同保持鱼体平衡，且在游上、游下的动作中用处很大。胸鳍还和成对的腹鳍一道发挥制动作用，使鱼能不改变游向即停止前进。背鳍联同臀鳍能使鱼顺着本身的长轴游动而不会扭曲。鱼体向前游动时，大部分的推进力来自鱼体的肌肉，动作由尾鳍发出。因此，尾鳍起着舵和推进器的作用，船上的舵就是模仿鱼的尾鳍而制造的。

鱼鳍特化的例子是不胜枚举的。偶鳞特化的例子有燕鳐和飞鱼，它们的胸鳍宽大，靠尾鳍快速游泳产生加速度，便可跃入长空，展开强大的胸鳍在空中滑翔 100 多米，这就是人们俗称的"会飞的鱼"。

被称为"魔鬼鱼"的双吻前口蝠鲼，胸鳍特化成两个头鳍，起帮助捕食作用，可把食物拨入口中。鲂鳞的胸鳍有游离状的鳍条，可在海底爬行。被称为"会爬树的鱼"的弹涂鱼，胸鳍呈臂状，加上腹鳍呈吸盘状，以利于吸附和爬到红树林的枝头上去捕捉昆虫吃。潜鱼的腹鳍退化，以利于潜藏在海参体内，进出方便。深海的皇带鱼腹鳍变为一对长丝，末端膨大呈叶状。松球鱼腹鳍退化为一棘。为繁衍后代，鲨和鳐的腹鳍里角延长变成交接器，称鳍脚。鲫鱼的第一背鳍特化为一个吸盘，以利于吸附在鲨鱼、大海龟身上，可免费在大海里周游，人们称其为"免费旅行鱼"、吸盘鱼、粘船鱼等。鮟鱇鱼第一背鳍有的变成钓鱼竿或发光的诱鱼器。虾鱼的背鳍从背部移到尾部，它是直立游泳的鱼，靠背鳍的不断扇动而上升、下降。东方旗鱼的背鳍很宽大，竖展开来，犹如帆船，可乘风缓行，不用时，可折于背沟内，以加大游速。翻车鱼尾鳍似花边镶嵌在身体后面，看上去好像有头没尾，其尾称做桥尾。长尾鲨的尾又宽又大，约占身长的1/2，其尾已变成捕食器官，利用尾叩水，把鱼集中，然后拨入口中。

**海上突显的鱼鳍**

蛇鳗的尾鳍已退化，利用坚硬的尾部插入双壳类的壳内，帮助捕食壳内的软体。海马的尾鳍也已退化。常用尾部缠卷于海草上，使身体直立于水中。金枪鱼是鱼类中的游泳能手，尾鳍发挥强有力的推进器作用，当快速运动时，尾鳍进入波动状态。深海中的盲鳕鱼，因眼退化，各鳍鳍条延长如扫帚，以触觉代替视觉，如盲人使用的"探竿"。虹鱼的尾鳍变成鞭状，鞭上长有1~2根带毒腺的尾刺，这是一种强有力的武器，用尾的两侧来横扫敌人，可使对方受到严重创伤。虹鱼的尾刺对人的危害很大，因此，渔民捕到虹鱼后，首先把它的尾刺砍去，以防被刺伤。

## 鱼的婚配逸事

男大当婚，女大当嫁，该是世间一切动物的本能意识，鱼类婚配自有独特形式，奇妙无穷。

角鲢鳀的雄鱼仅1.5千克左右，长不足9厘米。而雌鱼则体重多达50千克，1米多长。名副其实的小女婿、胖媳妇。雄鱼一出世便开始寻配偶。一旦遇上，用嘴固着在雌鱼身上，唇舌渐与雌鱼皮肤相连，血管相通，靠雌鱼血液输送营养，维持生命。雄鱼嘴、牙、鳍和鳃全部退化，只留生殖器官，繁衍后代，雌雄偕老共死，生死不离。

花鳉鱼生活在南美洲亚马孙河。全部为雌性，新郎要从不同种的两性鱼类找雄鱼。只有弱者才肯入赘上门，它们能排出精子，也能孵化成幼鱼，但遗传物质不能传给后代。虎嘉鱼生活在川陕毗邻山区的冷水性河里。生殖季节到来之前，雄鱼用头和鳍在河床刨沙筑窝呈锅状，中间隆起，两边深凹，分成大小相同的两间，为雌鱼做产房用。

鲇鱼生活在亚马孙河。雄鱼排出精液后，雌鱼将其连水吞下，通过消化道，从位于腹部的排泄孔排到鳍囊中进行受精。

斗鱼的雄鱼先吞食空气，然后吐出许多气泡，形成浮巢，雌鱼将卵产在其下，致人误以为气泡，不去伤害。鳑鲏鱼借愎怀胎，排卵受精均在河蚌贝缝中，河蚌含辛茹苦代育胎儿。

## 五颜六色的"婚装"

有些鱼类在生殖期来临时，雄鱼的身体颜色会发生变化，有的体色变浓加深，有的显现出非常鲜艳的色彩。例如，麦穗鱼在生殖季节身体变成浓黑色；罗非鱼、刺鱼体色变得艳丽多彩，像珍珠般闪闪发亮；隆头鱼全身变得鲜红，还夹杂有橙黄色的斑纹，并有五六条青绿色的细带；原本就华丽多姿的蝴蝶鱼，又增加了几分浓艳，恰似锦上添花。很显然，鱼类的"婚装"是其在生殖期吸引异性的需要。鲜艳的体色会格外受雌鱼的注目和喜爱。鱼类学家通过研究发现，鱼类在生殖季节之所以会出现"婚装"，是由于睾腺分泌性激素作用的结果。他们曾做过这样的实验，对雄鱼进行一次性腺切除手术，结果雄鱼就不会出现"婚装"了。

有趣的是，一些种类的雄鱼，除了身着"婚装"外，还佩戴"首饰"。如鳊鱼、鲫鱼等，他们分别在吻部、鳃部或胸鳍上，生出一些突起物，犹如"耳环"、"胸花"和"胸针"，科学家称之为"追星"。

## 狗鱼结婚"夫怕妻"

狗鱼凶残而狡猾，然而它们的"婚姻"却非常浪漫。每当生殖季节来临，雌鱼便一动不动地伏在水草边，静静地等候着雄鱼的到来。平时，雌鱼对雄鱼非常凶暴残忍，因此雄鱼见到雌鱼总是避而远之，生怕被雌鱼咬伤。可是在生殖季节，雌鱼就变得温顺了。当一群雄鱼出现时，雌鱼便慢慢地游向雄鱼，雄鱼也小心翼翼地靠近雌鱼。雌鱼先将不顺眼的雄鱼赶走，只留下它喜欢的，这些被选中的雄鱼似乎有点受宠若惊，显得异常兴奋，便洋洋得意地游近雌鱼，并把它包围起来。此时此刻的雌鱼不但不凶狠，相反还显得有些"害羞"呢！接着追逐"恋爱"便开始了，这时的雌鱼极度兴奋，冲破包围圈飞快地游去，雄鱼随后紧紧追赶。它们之间还相互争风吃醋，不时地搏斗、厮杀，然后再去追赶已游远的雌鱼。当雌鱼感到疲倦时，便停下来稍事休息，随即开始翻转，并逐渐加快翻转速度；雄鱼在雌鱼身边游来游去，还不时地用身体顶撞雌鱼，不一会儿，水面便出现一条条白色的鱼白，雌鱼沐浴在鱼白之中，一颗颗亮晶晶的卵由此而生。这时，完成繁殖使命的雄鱼便赶紧逃之夭夭，否则将会受到雌鱼的袭击。

# 大马哈鱼结婚酿"悲剧"

大马哈鱼又叫鲑鱼，其肉鲜美，是一种经济价值很高的鱼类。它在江河里出生，在海里长大，最后又回到江河里去产卵。每年八九月份是大马哈鱼的繁殖季节，在海里生长发育成熟的大马哈鱼，便开始了旅行"结婚"，它们成群结队地溯水而上，回到故乡去产卵，繁殖后代。在旅途中，它们遇到浅滩就一冲而过，遇到急流瀑布就奋力飞跃（可跳4米多高）。一路上，大马哈鱼不进食，不休息，顶风破浪，勇往直前，历经千辛万苦，当几千千米的旅程结束时，只有一部分大马哈鱼能到达目的地。

大马哈鱼在产卵前，寻找一个干净、急流的江湾，并且在河底有沙和砾石的地方，快活地游来游去。雄鱼为了抢夺"新娘"，往往要经过一番激烈的争斗；而雌鱼则忙于收拾"新房"，它先用腹部和鳍清除掉水底的淤泥和杂草，然后再把沙和砾石拨开，扒成一个比自己身体大得多的圆形坑穴。

"新房"布置好后，雌鱼就伏在里面开始产卵，这时在争斗中获胜的雄鱼也快速地赶过来。当雌鱼产出黄豆粒大小的亮晶晶卵子时，雄鱼便在旁边射出水雾状的精液。随后，雌鱼拨动沙子和砾石，将卵盖上，以免被别的鱼类吃掉。

此后，大马哈鱼就在卵旁边游来游去，日日夜夜守卫着。如果有来犯者，它们就奋起搏斗，将敌害赶走。3个月过去了，幼鱼便孵化了出来。雄

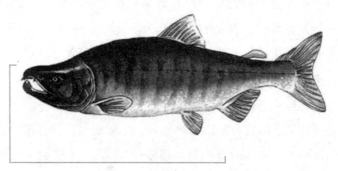

**大马哈鱼**

鱼因过度劳累，就死在故乡；雌鱼产卵后，也大部分疲劳而死去，只有少数幸运者才能重新回到大海。就这样，大马哈鱼的婚姻以浩浩荡荡的旅行"结婚"开始，以"夫妻"双双为后代身死的悲剧告终，为多姿多彩的海洋动物行为添上了浓重的情趣。

## 短暂的蜜月

刺鱼身体细长窈窕，尾柄分外修长。在脊背上长 3 根刺的叫三刺鱼，长 9 根刺的叫九刺鱼，最多可长 15 根刺。我国只有三刺鱼和九刺鱼两种。

每年到了繁殖季节，刺鱼便从海洋游到江河里去产卵。当雄鱼找到适合的产卵场所时，便开始筑巢。

刺　鱼

筑巢好后，雄刺鱼在向雌刺鱼"求婚"前还要修饰打扮一番，它的体色变得鲜艳起来，背部变成青色，腹部呈淡红色，眼睛也闪着蓝光。雄刺鱼漂亮的仪表，往往能博得雌刺鱼的一见钟情。雄刺鱼为了争夺"新娘"，在婚前要进行一场殊死的搏斗，它们用身上的刺做武器来攻击对方，战败者被刺得遍体鳞伤，只好仓皇逃命；胜利者却与雌鱼结为伉俪。

有趣的是，雄鱼在向雌鱼"求婚"时，还要跳"蛇形舞"，它跳着欢快的"舞步"，慢慢将雌鱼引向巢边。如果雌鱼到了巢口还"害羞"而不愿进去，雄鱼就竖起刺来触动雌鱼将其赶入巢里。雌鱼入巢后，产下2~3粒卵便扬长而去，这时雄鱼就进巢排精，这段"姻缘"就此便宣告结束。由此可见，刺鱼的求偶和交配时间极其短暂，真是匆匆结合，又匆匆离散。

雄刺鱼是个"喜新厌旧"的家伙，当"新娘"一旦离去，"新郎"便另找新欢，即雄鱼又去追求新的雌鱼进巢产卵，一直到卵把巢底铺满，雄鱼才停止觅侣活动。

## 半边鱼婚姻共偕老

"半边鱼"这个名字，听起来很古怪，的确，它的外形奇特而与众不同：身休一边凸起、有鳞；而另一边则扁平、光滑、无鳞，所以看上去好似半个身体的鱼，故而得名。

众所周知，在人们的印象中，鸳鸯是美和爱情的象征，它们总是成双成对、形影不离地厮守在一起，所以人们常常用鸳鸯来比喻对爱情的忠贞。而半边鱼也恰似鸳鸯，雄鱼和雌鱼总是相亲相爱地生活在一起。更为有趣的是，它们在前进中每当遇到险滩，雄鱼和雌鱼就将身体扁平的一面相互紧贴在一起，两条鱼合二为一，齐心奋力溯流而上。如果其中一条鱼游不动，另一条鱼绝不会独自离去。因此，当地人流传有"爱情要像半边鱼"的赞美诗句，以此来喻示人们对待爱情的忠贞不渝、白头偕老。

## 鱼的特殊生活习性

地球上，有数万种鱼，它们的相貌各异，习性不同，物竞天择，适者生存，大自然赋予鱼类无比奇特的顽强生命力。

蝾螈鱼生活在澳洲西部大沙漠中，干旱少水，一旦水坑中没水，会钻入地下潮湿处，深可达1米，靠皮肤呼吸，挨饿忍渴本领超凡。肺鱼生活在非洲等地区，水域干涸时，藏于淤泥中，体表分泌黏液，调和周围泥土，筑成密封型屋式泥茧，茧长可达2米，坚固异常。嘴部留一小孔呼吸，不吃不动休眠。雨季一来，茧软破裂，恢复自由。

**蝾螈鱼**

地中海有一种美丽异常的鱼，体色五颜六色，人称鹦鹉鱼。每当夜晚来临，皮肤分泌一种黏液，形成套在鱼身上的半透明"夜礼服"，有抑制其他鱼的吞食、保护自己的功能，第二天脱下，消失。

在数千米的海底，常年水温在零摄氏度左右，海水流动小，氧气也很少，压力大，终年见不到阳光。在如此恶劣的环境中，竟有鱼类存在。据调查，在7000米的海沟底层，就捕获过狮子鱼和须鳂鱼。

甲香鱼是鱼类中罕见的立游鱼。游动时头朝上，尾向下，挺着肚子，活像慢行的大肚汉。攀鲈鱼能爬上棕榈树，且几个昼夜不下来。伊都鲁普岛上的湖中，水温高达60~70℃，鳉鱼安然无恙地生活在湖里，一旦遇上常温水，反会被冻僵。南极鳕生活在南极数百米深水处，海水常年温度为-1~9℃，照样孵育繁衍，传宗接代，因为其血液中有一种防冻物质。

龙生九子，相貌尚且各异，何况庞大鱼族。让我们来看一下鱼的有趣外貌。1981年日本渔民曾捕到一条月亮鱼，其头尾几乎相连，呈圆月形，游动慢，大部分时间在水面侧身度过。孟加拉湾150米深海中，一种鱼2米多长，近1米宽，3条尾巴，面部似人。两眼之间有一根触须，顶端寄生着发光细菌，故此鱼如一矿工顶灯，光足猎食。蝴蝶鱼的眼睛藏在头部黑斑中，尾部亦有一斑点对称，且尾斑边为白色，酷似眼睛。它常将尾当头，能倒退后游，遇敌极易逃遁。

## 鱼的防身术

鱼因为有着不同的习性趣闻，基因遗传，且生长环境不同，于是一些鱼也就有了与众不同的奇习怪癖。为了生存，鱼儿们也有自己独特的防身术。

天有不测风云，为保护自己，延续种族，鱼儿自有御敌奇术。刺鲀生活在地中海，全身长满针刺，平时贴在身上。遇到危险时，冲到水面，大口吞咽空气，使身体膨胀成球形，针刺向外竖起，腹部朝天仰卧水中，静候敌犯。

隐鱼防敌方式很妙，时常躲进海参肚中，从肛门进去，从口中出来。有时海参遇到鲨鱼，为脱身会使分身术，丢下半截逃之夭夭，肚里的隐鱼也就在劫难逃。

海底的鼠鱼一旦遇敌，肠子立即产生一种气体，肚子急剧膨胀，体积增大好几倍，如一充满氢气的气球，迅速浮上海面，逃出敌手。

石斑鱼被人称为水中变色龙。它能随环境变换肤色，从黑到白，从红到绿，变化无穷，特别是身上又有很多斑、纹、点线，与环境融为一体，敌人很难发现。

大西洋中的电筒鱼，眼下有一白色袋状发光器，发出白光，靠此捕食诱引小鱼。一旦遇到危险，自动熄光，防敌袭击。

## 鱼的捕食绝招

民以食为天，鱼亦然。捕食招术简直是五花八门。我国沿海深处有一种鮟鱇鱼，其第一背鳍长成一钓杆，杆末端能放出冷光，垂到嘴前，诱使小鱼上钓，作为美餐。

东南亚和澳大利亚的小河里，射水鱼靠发射水弹捕食。一旦发现水面上有小昆虫，就准确无误地喷射出一束水柱，击中昆虫。

盲鳗是一种眼睛退化，但嗅觉灵敏，靠嘴边触须判断方向的鱼。它捕食靠"悟空钻肚术"，钻进大鱼肚中，一般从鳃孔进。它们专食大鱼内脏，一天能吃掉相当于自身体重20倍的食物，往往吃空大鱼内脏。

厄瓜多尔的科隆群岛附近海滩，有一种生于水中、屹在岸上的变色鱼。一旦饥肠辘辘，即跳上沙滩碎石，皮肤变成石色，等候蜻蜓、蝴蝶等上当受骗，送来美餐。

## 深海鱼类种种

人类对鱼并不陌生。我们人类的祖先大都经历了猎渔为生的历史发展阶段。然而，由于种种条件限制，我们对一些鱼类，尤其是海洋深处的鱼类了解得并不多。因此，深海鱼类成为人们研究的一个新领域。

一般来说，深海鱼类的特征是眼睛和嘴都比较大，牙齿锋利，身体能发光。有的深海鱼的雄鱼还寄生于雌鱼身上。这些特征都是为了适应深海残酷而恶劣的生存环境。现在人们普遍认为，深海鱼大都是在7000万年前由浅海进入深海生存下来的，为了继续生存练就了适应深海环境的身体形态和能力。

在黑暗、高水压、低温、食物奇缺的深海中，约有2700种鱼，占全球海水鱼种类的1/5。这对生存条件恶劣的深海来说，不是个小数目。

从鱼类的生态系统学来看，深海鱼并未被列为一种特殊鱼种，因为从许多浅海鱼种中也曾发现过深海鱼种。为了在海洋深处持续生活，食物的获取与繁殖的方法是深海鱼生存成功的关键。当初，浅海鱼就是通过改变捕食和繁殖方式而逐渐适应深海生活的。

在深海鱼中，那些四处游动的鱼被称为游泳鱼，不来回游动的鱼称之为不游动鱼，在海底生活的鱼叫底生鱼。游泳鱼又分为中深层游泳鱼和渐深层游泳鱼；底生鱼又分为底生游泳鱼和底生不游泳鱼。现将深海鱼的几种生活方式和特点进行比较，使我们对深海鱼有进一步的了解。

对中深层游泳鱼来说，白天潜藏在深海中不出，而夜间则浮到浅海区域捕食。这些鱼以拥有发达的鱼鳔和身体腹侧有发光器为特征。这些鱼又被分为上部中深层游泳鱼和下部中深层游泳鱼2个亚种。

上部中深层游泳鱼，白天歇息在接近天光的400～600米深的水中。一到黄昏，它们便成群结队地向海面浮游而上升到不足200米深的水域捕食。黎明时，再返回深海。这类鱼一般都长有大眼睛和发光器。它们的嘴短，肌肉发达，身体多呈银白色，以灯笼科和星光科的鱼为代表。下部中深层游泳鱼，白天在600～900米深处歇息，夜间则上游到150～400米深的水域，捕食小型甲壳类、乌贼类及某些小鱼。这一深度的鱼，通常比上部中深层的鱼体长且大，而且还凶猛得多。它们长有锋利的牙齿，嘴大，眼睛较小，头前部和腹侧带有发光器。这种鱼身体大都呈黑色，鳞已退化，以凸齿鱼科、星衫鱼科、黑巨口鱼科、旗枪鱼科的鱼为代表。

全天生活在900米以下深度的游泳鱼，被称为渐深层游泳鱼。整个地球的88%的海洋面积水深在900米以上。所以说，渐深层的游泳鱼在地球上生活区域最广阔。在这一深度，黑暗，水温低（一般1℃～3℃），水压高，缺少营养。尤以角鮟鱇鱼最富代表性。这类鱼雌雄形态相差较大，其头部长有发光器钓钩的是雌鱼，雄鱼体态则小得多，约为雌鱼的1/3大小。雄鱼成鱼寄生于雌鱼体外，靠雌鱼为其提供营养食物。这样的生态结构，也是为了适应深海匮乏的食物及能量而形成的。

渐深层的游泳鱼眼睛早已退化，变得很小，牙齿有的也退化了，而且身上无鳞。它们的鳃却很大，骨骼柔软，鱼鳔不发达，肝脏较大，身体多呈黑色、茶褐包及红色。以平头鱼科和鞭冠鱼科种为代表。

一般来说，生活在大陆架斜面、深海底部接近海岭底部的鱼类，被称做深海的底生鱼。它们均生活在7400米以下的深海中。其中具有一定游泳能力的叫底深层游泳鱼，这种鱼长有灵敏度很高的眼睛，不但有发达的鱼鳔，而且有浮力很大的肝脏。它们身体长有不吸水的肌肉和细柔的骨骼，体重较轻，便于上下游动。在深海底，它们以沉降到海底的鱼类和海洋动物的遗骸、浮游的甲壳类动物及海呔泥沙中的无脊椎动物为食。这些鱼以合鳃鳗科、长尾鳕科、须鳍科等为代表。

奇妙的海底世界

深海底生鱼，还有一类不来回游动的鱼类，即不游动鱼。这类鱼没有鱼鳔，靠自身的体重将自己固定在海底，以一些浮游生物为食。目前，已知的生活在海洋最深的鱼类，要算是狮子鱼科的鱼。它们多分布在日本海沟7400米以下的深处。

## 神奇的独角兽

在中世纪的欧洲，毒药已成为君主之间篡权夺位的重要工具。如乌头碱，能使受害者心脏瘫痪致死；毒伞会导致人缓慢窒息而死，而天仙子则引起人疯狂般的兴奋，而后产生强烈的痉挛而死亡。

据说有一种物质即一种神奇的角，能检测并中和这些致命的毒物。只要在含有毒药的食物或饮酒中放入这种角，毒药便很快变黑、起泡，毒性随之消失。当时富贵阶层不惜耗费巨资来换取这种神奇的角。事实上，这种神奇的角并不是某种陆生有蹄动物头上的角，而是徘徊于北极海洋中的一种鲸的牙齿。这种奇特的鲸就是一角鲸。由于它那怪异的形状很像传说中的马，人们又称它为海洋中的独角兽。据估计，目前全世界一角鲸的种群数量为27000～30000头。它们分别栖息在阿拉斯加与西伯利亚之间的楚科奇海、北冰洋和俄罗斯以北的海域及格陵兰岛和北极加拿大之间的戴维斯海峡。整个冬季，一角鲸都在冰缝中度过。春天，当冰原向北退去，一角鲸也随之向北游去。

在一些偏远地区，如科鲁克海湾，即使在夏季，海面上也有零散的冰块漂浮。一角鲸发

海洋中的巨鲸

现这种环境相对安全，因此，每年 6 月，经过为期 15 个月的妊娠，一角鲸的幼仔在这里出生了。初生的幼仔大约长 1.5 米，重约 80 千克，全身呈黑蓝灰色。随着身体的长大，幼鲸的腹部变得越来越亮，起初为灰色，接着变成奶白色，直至最终呈耀眼的白色。到了成年，一角鲸的背部及两侧出现棕黑色或黑色的条纹痕并逐渐融合在一起形成纯黑的色泽。进入老年的一角鲸又逐渐变成灰白色。一角鲸的寿命大约 30 年。

成年的雌性一角鲸体长约 4.3 米，体重一般不超过 908 千克，而雄性则比雌性大得多，体长可达 5.2 米，个别体重竟达 1816 千克左右。一角鲸的头部呈半球，它与其他鲸不同，没有高耸的背鳍，仅有一个高 5 厘米、长 1.2 米的背脊。这一构造特点是与它们在冰缝中生活相适应的。

整个夏季，北极的一些海湾地区便是一角鲸的栖息场所。在这里，一角鲸不断地补充食物，它们吃格陵兰岛的比目鱼、北极鳕、浮游的小虾及鱿鱼。到了秋季，当气温急骤下降，海湾冰封之时，一角鲸便向南部海区迁游。

在早期报道中，人们总是把一角鲸描述成一种凶残的巨兽，而实际上一角鲸是一种胆小且易受惊的动物。18 世纪法国自然学家卜夫曾写道："一角鲸搜寻死亡的动物遗体，不寻衅，不善斗，如果不是出于生存的需要，不残杀其他生命。"

事实上，一角鲸的长牙是相当脆的，它只是一角鲸的标志。1758 年，当瑞士分类学家卡罗勒斯、林尼厄斯偶然发现这种动物时，他把它命名为一角鲸，此名的意思为"一个齿，一个角"。显然这一命名并不确切，事实上一角鲸有两个牙齿，均长在上腭。关于一角鲸长牙的作用，有过种种的说法及一些怪诞的推测。曾有人认为，一角鲸利用长牙拨动贴在海底的比目鱼以充当食物或利用长牙将冰块凿出一些洞眼供呼吸之用。还有的科学家认为，一角鲸长牙的尖端部分可作为一种诱饵，使得一些动物上当而成为一角鲸的腹中之物。有时雄一角鲸利用轻剑般的长牙决斗，可能是为了招引雌性同伴。也许加拿大生物学家彼得的见解最引人关注，他认为长牙在一角鲸所谓的"听觉对抗"中起着传递声波的作用。一角鲸集中高强度的声波通过长牙传到对方敏感的耳朵，以此扰乱对方的听觉系统。

然而，以上有关一角鲸长牙功用的说法中，没有一个得到普遍承认，因为这些说法都无视一个重要的事实，即雌性一角鲸并没有这枚特别的长牙，但依然很好地生存着。目前，大多数科学家认为，一角鲸的长牙仅仅是一种第二性特征的标志，它类似于狮子的鬃毛和公鸡的鸡冠。也有的认为，长牙可作为一种武器，以显示其优势。

若干世纪以来，一角鲸的长牙一直成为人们追逐的对象。早在1000多年前，斯堪的纳维亚人就把一角鲸的长牙销往欧洲各国。据说罗马帝国的查尔斯五世与贝能斯总督之间一笔巨大的债务关系，就是通过赠予对方两枚独角兽的"角"而了结的。以后成为法兰西王后的凯瑟琳，在16世纪中期与法兰西皇太子结婚时，她的叔叔克蒙特七世教皇送给她的一份厚礼就是由一枚独角兽的"角"制成的头饰。

有关人士认为，这种奇特的"角"不仅可以检测并破坏药物的毒性，还能治愈各种疾病，包括疟疾和鼠疫。俄罗斯的科学家曾分析过这种"角"的化学成分，解释了它神奇功效的奥妙，即它能中和毒物的化学成分，主要是因为形成了一种含钙的盐而使毒物丧失毒性。直到20世纪50年代，这种角在日本还被当做一种具有神奇功效的药物"爱凯"出售，甚至在今天，德国的许多药房还在经营这种角。

18世纪末，一枚一角鲸的长牙在纽约市场售价为50美元。近几十年来，一角鲸长牙的售价急骤上升。1978年在英国伦敦，长牙每米售价为500英镑，美国每米售价为960美元。单个长牙的售价从1960年每磅2美元一跃为1982年的每磅400美元。但此后，各国相继成立了海洋哺乳动物保护协会，一角鲸长牙的售价开始下跌。在美国，进口一角鲸长牙被视为一种犯罪行为，欧盟也颁布了一个禁止捕捉、出售一角鲸的条文，以至于近年来一角鲸的长牙售价猛跌至每磅80美元。

尽管数千年来，科学领域一直未中断过对一角鲸的探索，但它至今仍有许多奥秘未能揭晓。1988年夏，两位加拿大科学家来到巴芬岛以北的一个海湾，试图揭开这个谜。他们向海湾洋面抛出一张巨大的渔网，然后静静地等待着，终于他们听到了由一角鲸发出的一阵爆炸般的短促震耳的声音，接着一组一角鲸游过来了，然而遗憾的是，除了一只被网围住，其余的都逃脱了。

考虑到一角鲸有着强大而猛烈的尾叶运动，因此两位科学家把一个小型的管状无线电装置放在一角鲸那枚4英尺长的长牙上，这是人类第一次在一角鲸身上进行安放无线电传送器的尝试。2天中，科学家从直升飞机上观察一角鲸的行踪，然而，出乎意料的是，这只一角鲸竟然从科学家的视野中消失了，留给人们的仍是它那未能解开的谜。

## 海兽"方言"趣话

人类由于居住的地区不同，会形成各种各样的方言，南腔北调，蔚为大观。那么，海洋动物有没有方言呢？有趣的是，海洋动物界不仅存在着"语言"，而且也有不同的"方言"。

南极洲素有"海豹之乡"的称号，那嘴旁长着两丛疏密有致胡须的威德尔海豹，性情温和，憨态可掬，十分惹人喜爱。几年前，美国和加拿大科学家在用电脑研究栖息在南极半岛海域和麦克默多海峡两个不同地区的几百只威德尔海豹从海中发出的声音时，发现了一个十分有趣的现象，即这两群海豹之间不仅有双方可以理解的"普通话"，而且有各自的地方语，即"方言"。

据统计，南极半岛海域的海豹语言由21种叫声组成，而麦克默多海峡的海豹却用34种叫声来传递信息。在这两组叫声中，有一些是相同的或极为相似的，这就是海豹的共同语言"普通话"。不过前者在发出这些音调时，要比后者发出的音调低沉而短促。当然，有些生活在麦克默多海峡的海豹发出的单音节是南极半岛海域的海豹听不懂的，这就是前者的独特"方言"。同时，南极半岛海域的海豹也发展了它的奇特的发声技能"结合声"：一是类似"回声"的叫声，即第二语音重复第一语言，音调由低升高；二是双音节叫声，其中第一音节缓慢，第二音节渐快。为此也形成了麦克默多海峡的海豹所听不懂的语言，即自己的方言。由此可见，这两群同种威德尔海豹之间，除了"普通话"之外，也存在着差异明显的"方言"。

正像人类一样，语言交流对于实行"一夫多妻"制的威德尔海豹来说是十分重要的。因为雄海豹不同于其他动物，它用语言工具来支配异性和保卫地盘。因此，任何一只雄海豹偶然发出一种奇异的叫声，不仅会巩固自己在群体中的地位，还会使其他海豹兴起一个学习这种异音的高潮。但威德尔海豹又十分保守，它们固定栖息在各自的繁殖点，没有任何"外交活动"，而且严格抵制外来语言对自己方言的影响，因而目前还不可能出现两种方言之间的"翻译"。当然，威德尔海豹的语言不可能像人类语言那样含义丰富，但不能由此否定它们的语言存在。科学家们正致力于研究和理解海豹的独特语言，充当动物语言的合格译员，这对于探索动物世界的生活方式和社会奥秘，有着重要的意义。

在鲸类王国里，要数海豚家族的种类最多了，全世界共有 30 多种，因其智力和学习能力都很发达，故有"海中智叟"之称。科学家们发现，海豚有着十分完善的通信本领和丰富的"语汇"，它的通信信号是一系列类似哨音的声信号，即以哨音为基础的独特"语言"。一般认为，海豚的声音都是由鼻道中前颌骨、上颌骨以上的部分即由气囊或与气囊相连的结构发出来的。日本的黑木敏郎教授在研究海豚的语言后认为，它们不仅有通用的普通话，还有特殊的方言。美国科学家德莱斯发现，海豚发出的叫声共有 32 种，其中大西洋海豚经常使用的有 17 种，太平洋海豚经常使用的有 16 种，两者通用的语言有 9 种。但有一半语言却互相听不懂，这就是海豚的方言。因此海洋学家认为，海豚不仅可以利用声波信号在同种海豚间进行通信联络，也可以在不同种的海豚间进行"对话"。虽然它们不能做到全部理解，但也可达到半通不通的程度。现在还没人能听懂海豚的"哨音"，无法理解它们的通信内容。

渔民早就知道座头鲸会唱歌，但人们对其歌声的研究却起步较晚。1952年，美国学者舒莱伯在夏威夷首次录下了座头鲸发出的声音，后来人们用电子计算机加以分析，发现它们的歌声不仅交替反复，很有规律，而且抑扬顿挫，美妙动听，因而生物学家称赞它为海洋世界里最杰出的"歌星"。座头鲸的歌由音节、音组和主旋律构成，音域一般在 40～50 赫兹，音量可达 150 分贝。早在 20 世纪 70 年代，美国著名鲸类学家罗杰斯·佩恩夫妇就开始考察座头鲸的歌。经长期研究发现，座头鲸的声音实际上是一首歌，它有重复出现的乐句，持续 6～30 分钟。如果将录下的鲸歌加快 14 倍播放，听起来就像婉转的鸟鸣。研究还发现，座头鲸的歌声不仅每天都在变化，它的歌与其生息的海域也似乎有着极为密切的关系。在同一海域里环游的座头鲸都唱着同样的歌，但生活在不同海区的座头鲸唱的歌却是截然不同的。他们把太平洋夏威夷海域座头鲸歌唱的录音通过电脑与大西洋百慕大海域座头鲸歌唱的录音加以比较，发现它们虽属同一种鲸，但是由于生活地区不同，发出的声音有明显差异，这与人类的不同方言又何等相似。

如果说座头鲸是鲸类世界里的"歌唱家"，那么虎鲸就是鲸类王国中的"语言大师"了。科学家的最新研究表明，虎鲸能发出 62 种不同的声音，而且这些声音有着不同的含义。加拿大科学家发现，虎鲸能"讲"不同方言和多种语言，其方言间的差异可能像英国各地区的方言一样略有不同，也可能如英语和日语一样有天壤之别。这一发现使虎鲸成为哺乳动物中语言上的佼佼者，足以和人类、某些灵长类动物及海豹媲美。

加拿大海洋哺乳动物学家约翰·福特 10 多年来一直从事虎鲸联络方式的研究。他对终年生活在北太平洋的大约 350 头虎鲸进行了研究，这些虎鲸属于在两个相邻海域里巡游的不同群体，其中北方群体由 16 个家庭小组组成。虎鲸发出的声音大部分处于我们的听觉范围内，利用水听器结合潜水观察，能比较容易地录下它们的交谈。福特认为，虎鲸的方言由它们在水下联络时常用的哨声及呼叫声组成，这些声音和虎鲸在水中巡游时为进行回波定位而发出的声音完全不同。福特对每一个虎鲸家庭小组的呼叫即所谓的方言进行分类后发现，一个典型的家庭小组通常能发出 12 种不同的呼叫，大多数呼叫都只在一个家庭小组之内通用，而且在每一个家庭小组内，方言都代代相似，但有时家庭小组之间也有一个或几个共同的呼叫。虎鲸

奇妙的海底世界

还能将各种呼叫组合起来，形成一种复杂的家庭"确认编码"。它们可以借此编码确认其家庭成员，尤其是当多个家庭小组组成的超大群虎鲸在一起游弋时，"编码"就显得特别重要。

据福特研究，虎鲸的通信语言虽未形成语法结构，但其语音的精妙复杂给人留下了深刻印象。由于虎鲸的语言复杂多变，幼鲸要完全掌握成年鲸的语言至少需要 5 年时间。而生活在不同海区里的虎鲸，甚至不同的虎鲸群，使用的语言音调也有不同程度的差异，犹如人类的方言一样。有时候某一海区出现大量鱼群，虎鲸群会从四面八方游来觅食，但它们的叫声各不相同。研究人员推测，虎鲸之间可以通过"语音"互相交谈，至于它们怎样听懂对方的"方言"，是否也像人类那样配有翻译，至今还是个不解之谜。

## 庞大的海牛

海牛与陆生牛一样都是哺乳动物。据考证，海牛原是陆地上的"居民"，但与陆生牛不是同一"老祖宗"，乃是大象的远亲。近亿年前，由于大自然的变迁或缺乏御敌能力而被迫下海谋生。由于长期适应水中环境，其相貌与体型与大象已无相同之处。但在某些方面仍有共同点：身躯庞大，海牛的肤色、皮厚（3~4 厘米）似大象，且均为草食动物。

海牛隶属于海洋哺乳动物海牛目，世界上有 3 种：西非海牛、南美海牛（亚马孙海牛）、北美海牛（加勒比海牛、西印度海牛）。我国不出产海牛，但我国北京动物园却有海牛，这是 1976 年 1 月墨西哥政府对我国赠送一对大熊猫的回礼。经精心饲养，这对海牛已在我国传宗接代。刚生下的小海牛体长 1.2 米，体重 34 千克，全身披稀疏白毛。成年体长平均 3 米，重 450 千克。在自然界有的海牛可长达 6 米，重 900 多千克。寿命可到"而立"之年。海牛从出生到"长大成人"，雌海牛需七八年，怀孕期 14 个月，每胎一仔，隔 2~3 年生育一次。

海牛的模样有"美人鱼"之说。其实，它的"面相"实在令人不敢恭维。正如航海家哥伦布在 1493 年的航海日记中写到的："美人鱼"不像寓言中描写的那么惹人喜爱。它有两只深陷的小眼，没有耳轮，偌大的鼻子连着上唇，隆然鼓起，两只可以闭合的鼻孔位于顶端；下唇内敛，嘴边生着稀疏的短髭。前身两侧各有手臂似的前肢一条，顶端外侧尚有指甲，与大象相似，但也无任何用处。后肢退化，肥大的身躯向后渐渐收小，末端有一似鱼尾鳍的扁平尾巴。

海牛是海洋中唯一的草食哺乳动物。海牛的食量很大，每天能吃相当于体重 5%～10% 的水草。肠子长达 30 米，是典型的草食动物。它吃草像卷地毯一般，一片一片地吃过去，享有"水中除草机"之称。这在水草成灾的热带和亚热带某些地区，是很有用的。在那些地方，水草阻碍水电站发电，堵塞河道和水渠，妨碍航行，还给人类带来丝虫病、脑炎和血吸虫病等。非洲有一种叫水生风信子的水草，曾在刚果河上游的 1600 千米的河道蔓延生长，堵塞严重，连小船也无法通行，当地居民由于粮食运不进去，被迫背井离乡。当地政府为解决这一社会危机，花了 100 万美元，沿河撒除莠剂，仅隔 2 周，这种水草又加倍生长出来。后来，在河道放入两条海牛，这一难题便迎刃而解了。

海牛与陆生牛一样，都能为人类作出贡献，我们对海牛的研究还太少了。然而，在人类对海牛的了解还不太多的今天，海牛却已面临断种绝代的境地。

1493 年，哥伦布航行到加勒比海多米尼加比亚克河河口，看到不计其数的海牛时，他在日记中说，当时他都惊呆了。然而，加勒比海牛今天的命运如同我国的大熊猫，正濒临灭绝。原来，海牛长期遭到捕杀。因为海牛肉细嫩味美，脂肪含有丰富的对人体有益的 DHA 和 EPA，还可以提炼润滑油，皮可以制耐磨皮革，甚至肋骨也可做象牙的代用品，全身是宝。这是导致它灭绝的根本原因，

1973 年，美国等北美和拉美国家，都先后把海牛列入濒危动物名单，加以保护。但海牛仍然在逐年减少，除了人为偷捕，无意中杀害也很严重。如美国佛罗里达沿海，因水质污染，连年发生赤潮，海牛也连年死亡不断。

奇妙的海底世界

去年海牛死了304头，超过1990年创造的年死206头的最高纪录。

早年有报道，说海牛听力灵敏，可是近年来研究的结果证实，海牛的听力较差。据资料报道，仅在佛罗里达半岛周围，每年被螺旋桨和高速快艇撞死的海牛就有100多头。为了不使海牛成为昔日的恐龙，近年来，加勒比海周围各国除了划定海中禁捕区，还成立了各种宣传和保护海牛的"俱乐部"。据最近一次调查，加勒比海牛只有2600头，也有人说仅有千头左右。墨西哥政府赠送给我国的海牛，可见其珍贵程度。

海牛看似笨拙，实际上很灵活，在水中每小时游速可达25千米。这与陆生草食动物自卫能力差，却善于奔跑属于同样原因。海牛的前肢是运动器官，也能与躯体形成一定角度，托浮幼仔吮乳。雌海牛前肢基部腹侧有一对乳房，位置与人相似。加勒比海牛外文名是"manati"，在古代加勒比语言中的意思是"妇的乳房"，因海牛的乳房颇像人的乳房，因此土著人以此为它取名。雌海牛因哺乳幼仔，肥大的乳房常露出水面，这就造成了航海水手眼花误认为它为"美人鱼"而流传至今。至于"美人鱼"常被描绘成头披长发的美女，这与海牛生活在海藻丛中，出水时头上披有水草有关。

我国古代在近海也有"美人鱼"的记载和传说，虽然我国不出产海牛，但出产海牛的堂兄弟——儒艮。它外形与海牛大致相似，大小也差不多，同属海牛目。与海牛的区别，主要是尾巴。海牛尾巴是圆的，形如圆盘，而儒艮的尾巴呈叉形，中间凹。此外，儒艮纯为海栖，不入江河。如果把儒艮也称为海牛，那世界上应该有4种海牛。

儒艮的习性特点与海牛基本一样。我国俗称它为"人鱼"，当然也与常被人误认为"美人鱼"有关。国外也有儒艮，主要分布在非洲东岸、亚洲东南部至澳大利亚北部沿海。因过多捕杀和水质污染，20年前就消失了。然而，1992年通过空中摄影，在澳大利亚大堡礁水城中又重新发现儒艮群，数量达数千头，科学家惊喜不已，并提出应采取措施保护这一海洋生物。

儒艮在我国主要分布在广东、广西和台湾沿海。由于历史上儒艮屡遭到大规模捕杀，现在所剩无几。1973年我国也曾把它列为国家重点保护动物。现在仅见于北部湾部分海区。

# 会使用"工具"的海兽

海獭是海兽中个子最小的。雄海獭身体只有 1.47 米左右，约重 45 千克，跟狗相仿；雌海獭长约 1.39 米左右，重 33 千克。它那小小的脑袋，不大的耳壳，吻端裸出，上唇长着胡须，肥而圆的躯体，形状像鼬。它的前肢裸出并且很小，不作游泳用，后肢长，形状扁而宽，趾间有蹼，像鳍，后肢在游泳时交替扒水，产生了向前推动的力量，四肢的趾粗而短，爪短并弯曲，尾巴扁平，很长，约占体长的 1/4。

海獭全身披有刚毛和绒毛；绒毛致密而柔软，比羊毛柔软，至于刚毛则起着保护绒毛的作用。我们知道生长在海水里的哺乳动物，必须有一种防寒、保暖的机制，因为海水的温度总是低于海兽的体温，而海水的传热比空气中传热要小 4 倍。有些海兽靠着厚的皮下脂肪保暖，散热很少，如鲸鱼身上几乎没有毛，而它的皮下脂肪层却有几十厘米厚；可是海獭的皮下脂肪仅占它体重的 1.8%，与鲸鱼和海豹的脂肪层占到 37.6% 相比，则是微不足道，起不到什么绝缘、保温的作用，但海獭却有一层天衣无缝、厚厚的皮毛，同时全身皮毛上涂了一层脂肪，可以达到滴水不沾的程度。

海獭在阿拉斯加、堪察加、千岛群岛沿海 1 海里范围内生活，仅在休息和生育时到陆上岩礁处活动，较多的时间还是在海水中生活。它晚间寝于海面，它们相互靠得很近，特别喜爱睡在海藻群中，以海藻作为卧榻，在海藻丛中打滚，睡前以海藻缠身，前肢抓住海藻，以免被海浪冲走。

海水起浪，几十只，甚至上百只海獭在海中游泳，头却露出水面，后肢与尾像桨一样摇来摆去划水前进，荡起涟漪，有时仰泳，悠然游去，前肢搭在胸前，留着尾巴在水中缓慢摆动，掌握方向。海獭游起泳来速度并不快，每小时不超过 5~7 海里，它可深入 100 米海底潜水，在水中可支持 20~30 分钟。它在水中虽活动自如，但一到陆地却行动蹒跚，像个"醉汉"。

海獭十分喜爱"梳装打扮"，它在饱食之余，要花上很多时间用爪子梳理皮毛，梳理时从头到尾，十分仔细。其实这种"打扮"并非为了漂亮，而是因为毛皮蓬乱污脏之后，如不梳理清洁，就会失去绝缘、保温作用，而身体的热量会向海水中逸散，此外，梳理毛皮时的机械运动，可以刺激促进皮肤下

海　獭

的皮脂腺加强脂肪的分泌，使毛皮上涂着丰富的脂肪层，起到既防水又保暖的作用。

　　海獭的食物是海胆、鲍鱼、蟹、牡蛎、贻贝、章鱼等，有时也吃海藻的芽和行动缓慢的底栖鱼类。牡蛎、海胆等动物的外壳很坚硬，海獭用牙齿是绝对咬不开的，海獭在吃它们的时候把海胆等物挟在前肢下边松弛的皮囊中，皮囊里一次可盛下 25 只海胆。海獭很快地浮到水面上，仰游着，把从海底捡来的如拳头大小的石块放在它胸前做砧石，用前短肢挟着海胆将它在石块上撞击，而且还不时察看，一直到壳破、露出肉时，吞食内中之肉。有科学工作者观察到一只海獭在 1.5 小时内在水中带上 54 只贻贝，它用前肢抓住贻贝放在砧石上砸了 2237 次，它一连好几次都用同一块石头当做砧石来砸食物，吃饱之后，把石块和吃剩的食物放在胸前休息。起初人们总以为只有类人猿是使用工具的动物，可是海獭使用工具的程度却胜过它们，不仅能使用工具，还会保存工具。海獭每天所吃的食物量，占它的体重 1/4 ~ 1/3。这说明海獭的新陈代谢是很快的。

　　海獭并无十分明显的生殖季节。雌、雄海獭生活在同一水域中，雄性如发现正在发情的雌性，即追逐她与她在水里交尾。临时结为配偶的海獭，形影不离地一起觅食、潜水、睡眠。可是它们"蜜月"期只有三五天时间，

一旦受孕后，雌雄即各奔东西了。雌海獭怀孕期近 1 年，一般在春季和夏季产仔，分娩必须在陆地，刚出生的幼仔披着很厚的绒毛，体长 61 厘米，1.4~2.2 千克重，它离开"娘胎"眼睛即睁开了，而且可以独自游泳，在母体腹部寻找乳头，吮吸乳汁；当母海獭去觅食时，幼仔即静静地睡觉或爬动。母海獭头几周内除哺育给小海獭乳汁外，还补充一些柔软的食物。小海獭到 1 岁之后，虽伴于"母亲"身边，但已可自行潜水觅食了。

海獭的毛皮非常厚密，每平方厘米中有毛 12.5 万根。我国东北貂皮虽有"毛皮之王"之称，但海獭皮比貂皮还要密 4 倍。如果将海獭皮制成衣、帽、大衣领子等，是御寒的极品，所以人们都云集到海獭栖息之地来猎捕海獭。有一时期，堪察加等岛上盛产海獭的地方原有海獭 22 万只，但到 1911 年时，已剩下不足千只了。后经多方保护、禁猎，海獭头数才逐步增长。

## 鱼灯虾火

在海洋世界里，无论是广袤无际的海面，还是万米深渊的海底，都生活着形形色色、光怪陆离的发光生物，宛如一座奇妙的"海底龙官"，整夜鱼灯虾火通明。正是它们给没有阳光的深海和黑夜笼罩的海面带来光明。事实上，在黑暗层至少有 44% 的鱼类具备自身发光的本领，以便在长夜里能够看见其他物体，方便捕食，寻找同伴和配偶。有些鱼类发光，例如我国东南沿海的带鱼和龙头鱼是由身上附着的发光细菌发出光，而更多的鱼类发光则是靠鱼本身的发光器官。

烛光鱼其腹部和腹侧有多行发光器，犹如一排排的蜡烛，故名烛光鱼。深海的光头鱼头部背面扁平，被一对很大的发光器所覆盖，该大型发光器可能就起视觉的作用。

鱼类发光是由一种特殊酶的催化作用而引起的生化反应。发光的荧光素受到荧光酶的催化作用。荧光素吸收能量，变成氧化荧光素，释放出光子而发出光来。这是化学发光的特殊例子，即只发光不发热。有的鱼能发射白光和蓝光，另一些鱼能发射红、黄、绿和鬼火般的微光，还有些鱼能同时发出几种不同颜色的光，例如，深海的一种鱼具有大的发光颊器官，能发出蓝光和淡红光，而遍布全身的其他微小发光点则发出黄光。

烛光鱼

鱼类发光的生物学意义有4点：一是诱捕食物，二是吸引异性，三是种群联系，四是迷惑敌人。

## 海洋动物也要睡觉

众所周知，陆地上的动物是要睡觉的，尽管它们睡觉的姿态和方法不同。那么，海洋中的动物是不是也要睡觉呢？回答是肯定的，也要睡觉，它们睡觉的姿态和方法就更特别。

其实，睡眠只不过是作较长时间休息的一种特殊方法。不管是陆地上的动物还是海洋中的动物，都需要进行休息，包括睡眠。这种睡眠，陆地上的动物一般时间较长，容易被人察觉。而海洋中的动物大多时间很短，就难以被人发现了。例如，鱼类的睡眠时间就非常短，有的仅几分钟，有的甚至只有几秒钟，人们眼一眨的工夫，对有些鱼来说，就已睡了一觉。

海洋中除鱼类外，还生活着许多哺乳动物。它们睡觉的方法虽然与鱼类不同，但同样要睡觉。例如，海豚睡觉时，多半在夜里浮在水下1英尺的地方，安安稳稳地进入梦乡，而它的尾巴，仍然会每隔约30秒钟，便摆动一下，其作用有两个：一是使它的头能露出水面，吸一口空气；另一个是使它在水中的位置更加稳定，不受水流或波涛的影响。最有趣的是有一种阿佐基海豚，它们是用大脑两半球相互交替睡眠的：当一个半球在沉睡时，另一个半球却处于觉醒状态。过了一些时间，沉睡的则觉醒，觉醒的又沉睡，如果受到外界强烈刺激，两半球将会立即觉醒。因此，它们始终能处于游泳状态，甚至在睡眠中游速也不会减慢。

海豹和海豚不同，它们既可以生活在水下，又可以爬到岸上活动。如果在地面睡觉，就和陆地动物相似；如果在水下睡觉，每做一次呼吸，就要醒来一次。这就是说，它们是在呼吸的间隙抽空睡觉。

海狗也是一种既能生活在海洋，又能生活在陆地的海洋动物。它们在陆地上睡觉时，可和陆地动物睡得一样甜美；在水下时，就和阿佐基海豚一样用大脑两半球轮流睡觉。

产于北太平洋海岸的海獭，会在海边用海草结成一张"床"，围成椭圆形，睡觉时就把身体藏在中间，腹部朝天。如果它对在某个地方睡觉感到满意，就会每天都到那个地方去睡。

生长在北冰洋中的海象，睡觉更是与众不同。它睡觉时不是平卧，而是垂直在水中，头部则露在水面上。

令人喜欢的海狸，一般在白天睡觉，睡时仰着头，有时还磨牙。尤其是小海狸，睡觉最有趣，它们并排睡，有的还把小脚掌枕在头下。

## 有毒的海宝

海蛇亦称"青环海蛇"、"斑海蛇"，爬行纲，海蛇科。它是生活在海洋里的爬行动物，有毒，长 1.5～2 米。其躯干略呈圆筒形，体细长，后端及尾侧扁，背部深灰色，腹部黄色或橄榄色。全身具黑色环带 55～80 个。它们生活在海洋中，善游泳，捕食鱼类，胎生。它们分布于我国辽宁、江苏、浙江、福建、广东、广西和台湾近海。我国沿海有 23 种海蛇，其中广东、福建沿海海蛇资源丰富，以北部湾最多，每年可捕到 5 万多千克。福建平潭、惠安、东山等各沿海县每年捕获可达 1 万多千克。

海蛇具有集群性，常常成千条在一起顺水漂游，便于捕捞。它还具有趋光性，晚上用灯光诱捕收获更多。

世界上最毒的动物是"毒蛇之王"眼镜蛇，但海蛇毒性比它还要大。

奇妙的海底世界

据记载，生活在澳洲的艾基特林海蛇列为世界上10种毒性最烈的动物之一。还有生活在亚洲帝汶岛的贝氏海蛇也是世界上最毒的动物。被它们咬的人可在数十分钟内致死。

可是海蛇是海宝。据现代药理学家研究，海蛇的蛇毒可制成治癌药物"蛇毒血清"，还可以用于治毒蛇咬伤、坐骨神经痛、风湿等症，并可提取十多种活性酶；蛇血治雀斑也十分见效；蛇油可制软膏、涂料；蛇胆浸药酒，有补身和治风湿之功效；蛇皮可制作手提袋、乐器等。总之，海蛇全身皆是宝。它的肉、胆、油、皮、血、毒等均可入药。我国海蛇入药应用始于唐代陈藏器的《本草拾遗》。现代医学研究认为：仅从海蛇毒一项来说，它含有多种生物酶类，有极高的生物活性，可以分离提纯多种酶类，用于医药、科研和生物工程方面，已引起各国高度重视。国际市场长期供不应求，仅菲律宾有少量出口。美国的西格玛蛇毒公司经营的青环海蛇毒每克售价7800多美元，可见其贵重程度。

海蛇肉质柔嫩、味道鲜美、营养丰富，是一种滋补壮身食物，常用于病后、产后体虚等症，也是老年人的滋养佳品。它具有促进血液循环和增强新陈代谢的作用。在香港、澳门、台湾、广东、海南等地，海蛇被列为美食之一。在日本，海蛇更被推为宴席上的佳肴。广州一些酒家亦推出鲜活或干的海蛇食品。海蛇药材作为祛风燥温、通络活血、攻毒和滋补强壮的良药，常用于风湿痹症、四肢麻木、关节疼痛、疥癣恶疮等症。

海　蛇

海蛇的食法很多，海蛇肉可清蒸、红烧、煲汤。其中海蛇炖火鸡是有名的"龙凤汤"。海蛇肉煲粥是清凉解毒之美食佳肴。海蛇汤鲜甜可口。海蛇酒可作为驱风活血、止痛良药。

# 鱼的"特异功能"

鱼类的一对眼睛是典型的近视眼，它们还有另外的"眼睛"——侧线。鱼的侧线生长在体侧的鳞片上，称为侧线鳞，两侧各有一条。侧线鳞上面有小孔，这些小孔把外界信息通过与其相连的感觉器官传至脑神经，从而使鱼能"看"到外界的一切。

人们总以为鱼没有耳朵，其实鱼类的两只耳朵没有长在体外，而是长在头骨内，由小块状的石灰质耳石、淋巴液和感觉细胞组成。外界的声音引起淋巴液发生振动，刺激耳石和感觉细胞，经过神经系统传递到脑中，鱼就听到这个声音了。鱼的耳朵还有维持身体平衡的作用。当身体不平衡时，淋巴液和耳石会压迫感觉细胞，并马上报告大脑，使鱼及时保持平衡。

鱼类的鼻子是进行定向和觅食的重要器官。当水从前鼻孔进入鼻囊，再从后鼻孔流出时，鼻囊中的嗅觉细胞就会把捕捉到的信息送到中枢神经系统进行贮存。大多数鱼类就是凭借鼻子对水体气息的感觉和分析进行定向，从而完成"出巢"和"回巢"行动的。实验表明，不少鱼类可以从数千米甚至数十千米外游回原来占据的"巢穴"，靠的就是灵敏的鼻子。

# 海底的医疗馆

海洋动物也会生病。如果它们得了病，到哪里去医治呢？请别担心，海洋中设有"医疗站"、"医疗队"，还有许多不辞辛劳、手到病除的"医生"。

热带海域的"医疗站"：有一种叫做彼得松岩的清洁虾，常在鱼类聚集或经常来往的海底珊瑚中间，找到适当的洞穴，办起"医疗站"，全心全意地为海洋动物免费医病。开始，彼得松岩虾在洞口，舞动起头前一对比身体长得多的触须，前后摇摆着身体，以招徕"病员"。从这儿游过的鱼，要是想看病，就游到"医疗站"去。这时清洁虾爬到鱼的身上，像医生一样先察看病情，接着用锐利的"钳"把鱼身上的寄生虫一条条拖出去，然后再清理受伤的部位，有时，为了治疗病鱼的口腔疾病，还得钻进鱼儿的嘴里，在一颗颗锋利的牙齿之间穿来穿去，剔除牙缝中的食物残渣。当检查到鱼的鳃盖附近的时候，鱼儿会依次张开两边的鳃盖让"医生"去捉拿寄生虫。对于鱼身上任何部位的腐烂组织，清洁虾决不留情，会"动手术"彻底切除。登门求医的鱼很多，包括一些凶猛的鱼，一旦有病，也会跑来求医。有时病鱼依次等候门诊，有时推三挤四、争先恐后蜂拥在"医生"周围。热心服务的"医生们"，有时也会因为过分操劳而暂停"门诊"，退回洞里休息。在热带海域里，鱼儿的好医生——清洁虾，人们已经知道的就有6种，如猬虾、黄背猬虾等。

温带海域的"医疗队"：温带海域的清洁虾与热带的不同，它们不设立固定的"医疗站"，而是组成流动的"医疗队"，到处"巡回义诊"，由于它们的外表色彩平淡，貌不惊人，很难引起陌生的生物的注意。因此，它们一旦遇上需要治病的鱼虾"病号"，就毛遂自荐，迎面而上。它们治病细心、熟练，手术干净利落，对不同的患者都是一视同仁，深受"病号"的欢迎。就此，一传十，十传百，它们的名声就越来越大，求医者也就蜂拥而来，其"业务"随之兴旺发达。

"卫生所"里的"鱼医生"：海洋中除了清洁虾"医生们"之外，已知道的还有"鱼医生"50多种。这些清洁鱼"医生们"对海洋生物的保健工作起着非常重要的作用。一条清洁鱼6小时内可以医治300条病鱼。

别看这些高明的"医生"的外表色彩平淡，貌不惊人，为了容易被"病员"识辨，以及免于被凶狠生物捕食，它们都有特殊的标志：其外形、色彩和体态，都很容易被找到，同时也受到特殊的保护。

清洁虾或鱼等为什么会自愿担当起海洋动物的医疗保健工作呢？从生态学角度理解，这就是生物界的一种互惠现象，即称"清洁性共生"。病鱼需要去除身上的寄生虫、霉菌和积累的污垢，而清洁虾或鱼却由此获得食物，彼此互惠。

有人做过调查，许多出名的渔场，都是许多清洁鱼虾设立大量"医疗站"的海区。科学家认为，研究海洋清洁性生物，将在保护鱼类资源方面做出更大贡献。

## 海底的夜光虫

夜光虫是一类生活在海水中的原生动物，在分类学上隶属于鞭毛纲、腰鞭毛目。它们在夜间由于海水波动的刺激能发光，因而得名。夜光虫的身体为圆球形，直径为 1 毫米左右，颜色发红，细胞质密集于球体的一部分，其内有核，其他部分由细胞质放散成粗网状，在网眼间充满液体。有两根鞭毛，一根较大，称为触手，另一根较小。它的繁殖为分裂法和出芽法两种，后者在身体表面生出很多小的个体，脱离母体后发育成新的个体。例如闪光夜光虫身体的直径为 0.5 ~ 2 毫米，肉眼看到的是一个个晶亮的小球，有透明的细胞膜、网状分散的细胞质、浓密的细胞核、一根细小的鞭毛以及原生质突起形成的粗大可动的触手。因其体内含有许多拟脂颗粒，故受到机械刺激时能发光。在海水中生活的夜光虫和其他一些腰鞭毛虫（如裸甲腰鞭虫等）大量繁殖可造成赤潮，导致鱼类大量死亡。

近年来由于滩涂海水养鱼、养虾的不断发展，在饲养过程中投下了大量高营养的饲料，那些未被吃完的残料溶于水中或沉下海底，日积月累越来越多，加上抗生素的大量使用，破坏了水中浮游生物的平衡，大量的工农业和生活污水不断排入海洋，基于这些原因，海域中营养物质含量不断提高，这样为形成赤潮的原生动物大量繁殖提供了物质基础。如果持续干旱少雨、水温偏高，使得各种条件如水温、溶氧量、pH 值等符合之后，腰鞭毛虫类的原生动物就迅猛繁殖，形成了赤潮。

赤潮又叫红水，俗称臭水。赤潮发生后，平静的海面常呈现大面积斑块或带状的变色现象。赤潮生物爆发性繁殖或聚集，覆盖海面，引起海水变色，遮住阳光，造成水体缺氧，产生大量的黏液粘住鱼鳃，以及产生有害气体和毒素，这样使海中鱼类因见不到阳光，呼吸不到氧气而窒息，以及中毒而导致大量死亡。入夜船只划过水面时，船桨会泛起火星而船尾则

**海浪景观**

拖着长长的光带，海浪撞击海岸也会有鳞光闪闪的浪花。几天之后，大量死亡的鱼、虾、贝类等会腐烂发臭，常常使人咳嗽不止、鼻眼刺痛、难以忍受，有时还会危及人的生命。

在我国沿海，赤潮生物有近 130 种。平时，一个海湾可能有多种赤潮生物，但不一定都发生赤潮。富营养化虽是赤潮发生的必要条件，但并非充分条件。只有种种因素适于某种或某些赤潮生物爆发性繁殖时，才发生赤潮。据报道，1970 年以前，我国有文字记载的赤潮有 3 次。但是，1988 ~ 1991 年却发生了 80 余次，而且危害之重、范围之广，都是前所未有的，造成了海产养殖业的大面积减产和大量的经济损失。这种情况已引起我国各有关方面的重视，并且被列为重大攻关课题进行研究。其实，只要采取有效措施，控制生态条件，抑制夜光虫等大量繁殖或用药物杀死它们，或做好预测预报，就完全可以防止赤潮的发生。

## 有趣的"横行介士"

螃蟹大多横行，因而被人们称为"横行介士"，这在动物类群中是独一无二的。螃蟹的头胸部两侧具有 5 对胸足，除第一对为螯足外，其余 4 对为步足。由于步足的关节只能左右移动，所以只得靠一侧步足侧向推进，另一侧步足趴地而横行了。此外，由于同侧几对步足前长后短，遇到障碍物时也只能拐弯绕过去，往往一个劲地沿着障碍向着一个方向爬。

潮间带和沿海滩涂是螃蟹栖息的主要场所，通常都生存有几十种，在我国沿海滩涂主要有绒毛近方蟹、中华近方蟹和招潮蟹等。它们都喜欢躲在石块下或在泥沙滩上掘穴而居，其洞穴遍布滩涂，在1平方米的面积内就有2~3个。洞穴深浅不一，但一般每穴往往具备2个洞口。螃蟹冬季深藏在洞穴的最底部进行冬眠，直到春暖大地之时，它们再度爬出洞穴，准备繁殖后代。螃蟹行动迅速，每天的活动高峰期在天刚刚发黑的黄昏，这时几乎所有的个体都倾穴而出，遍布道路、河边，密密麻麻，远远看去，蔚为壮观。它们具有较薄的外骨骼和大大的眼睛，总是警惕地向四周张望，尽快躲避猎物。有一种生活在开阔沙岸高潮线以上的痕掌沙蟹，它的蟹足左右不对称，蟹掌上有细刻纹，称为发声隆脊。在遇到危险时，便会以1~1.6米/秒的极快速度，马上全部钻进洞穴，消失得无影无踪。还有一种小沙蟹，受惊时则立即停俯于沙上，靠和沙相似的保护色而不易被发觉。虽

螃　蟹

然有许多螃蟹也能游泳，但真正具有游泳能力的螃蟹是蝤蛑或梭子蟹类，如三疣梭子蟹和锯缘青蟹，其游泳力来自最后一对步足，该足至少有两节扁平如桨。

螃蟹一般都以腐殖质和低等小动物为食，是海滩上的"清洁工"。我国晋朝葛洪所著的《抱朴子·登涉》就有"无肠公子者，蟹也"的记载，认为螃蟹身体宽而扁，腹部退化卷折于头胸部之腹面，肠道较短，是喜食动物尸体和粪便的，如果没有螃蟹不停地大撕大嚼的话，美丽的海滨就将充满动物的陈尸腐臭了。有些螃蟹的取食方式和食性也十分有趣，例如有一种身体柔弱、眼睛退化的豆蟹，通常呈红色的圆球状隐藏在贻贝或牡蛎的贝壳中，分享着它们所滤得的食物。还有一种巨型蜘蛛蟹，叫做凯氏长手蟹或日本巨蟹，成体宽 30 厘米，大螯最大跨距可达 3 米多，生活于日本东南 3000 多米的深海水域中，繁殖期才来到浅水区。它不仅会攻击落水的人，还会悄无声息地把小船上的人钳入水中，因此被称为"杀人蟹"。

螃蟹也是生活在沿海地带的丹顶鹤等鹤类越冬期食物的主要来源之一。虽然螃蟹具有坚硬的外壳和强壮的双螯，可以对敌人发动攻击，但丹顶鹤也有一套很好的办法来对付它们。丹顶鹤的视力很好，通常能容易地发现 10 米开外活动的螃蟹，然后毫不犹豫地迅速冲上去，赶在其未进洞之前叼住它，甩到比较硬的地面上，使其失去了可以逃脱的屏障，此时螃蟹表面上仍然挥舞双螯，张牙舞爪，却已如同砧板上的肉了。丹顶鹤就像猫戏老鼠一般，用坚强有力的喙，将蟹足一节节折断，连同身段一个个吞下。刚才还横行霸道的螃蟹，转眼间就成了丹顶鹤的腹中之物了。

## 丑陋的深海生物

在大洋深处有许多稀奇古怪、面目狰狞的海洋生物，让我们认识一下它们。

尖牙因牙大而得名，属于金眼鲷目，中文名也叫角高体金眼鲷，样子看起来颇具威胁性，可怕的外表让它得到"食人魔鱼"这样恐怖的名字。尖牙栖息在大洋中特别深的地方，尽管它们最常栖息的地方是500～2000米，但深到5000米处的深渊带中部都是它们的家。此处的水压大得可怕，温度接近冰点。这里食物缺乏，所以这些鱼见到什么就吃什么，它们多数的食品可能是从上面几层海水中落下的。尽管这种鱼并不怕冷，但是它们生活在热带和温带海洋的深处，因为那里才有更多的食物从上面落下。

巨型深海大虱属于甲壳纲等足目，是已知等足虫类动物中最大的成员。这种大个头甲壳动物虽然不是吃素的，但也并不是什么凶猛动物，它们终生只是在海底打扫动物尸体。由于海洋深处食物缺乏，所以深海大虱必须适应上边掉下来什么就吃什么的生活。除了依靠天上掉馅饼外，它们还吃和它们居住在同一深度的小型无脊椎动物。

毒蛇鱼一般在海面下80～1600米的水层出没，是这个深度的海洋中看上去最面目可憎的鱼类之一。有一些毒蛇鱼全身是黑色的，在身体的某些地方长有发光的器官，包括一个用来做捕食诱饵的长长背鳍。还有一些毒蛇鱼因为不含有任何的色素成分，所以它们看起来是"透明"的；为了在黑暗的海底收集到更多的光线，它们还有大大的眼睛；而发光器官是通过一些化学过程实现发出光芒的效果。

吞噬鳗是一种典型的深海鱼，是大洋深处相貌最奇怪的生物之一。吞噬鳗最显著的特征就是它的大嘴，这种鳗鱼没有可以活动的上颌，而巨大的下颌松松垮垮地连在头部，从来不合嘴，当它张大嘴后，可以很轻松地吞下比它还大的动物，由此它在西方得到"伞嘴吞噬者"的名称，而在中文中被叫做"宽咽鱼"。

深海龙鱼又叫黑巨口鱼，属于巨口鱼目。虽然体形不大，却是一种凶恶的捕食者。它有一个大头，以大量又长又尖的獠牙武装，用一个发光器做钓饵。它们生活在1500米深的海底，在这样极暗的环境中，黑巨口鱼的眼睛进化成筒状，在大型水晶体下面密布着感光细胞。

吸血鬼乌贼身体上长着两只大鳍，形态有些像水母。吸血鬼乌贼是一种发光的生物，身体上覆盖着发光器官，这使得它们能随心所欲地把自己

乌 贼

点亮和熄灭。当它熄灭发光器时，它在自己所生存的黑暗环境中就可以完全不被发现。

## 能吃蚊子的"大夫"

夏天来了，蚊子多了。人们现在已经认识到灭蚊药剂会污染环境，于是利用生物灭蚊或驱蚊的方法又开始流行起来。比如，现在不少家庭买一株驱蚊草放在客厅里驱蚊。最近，美国人开始在水里养一种喜欢吃蚊子幼虫的小鱼，可以从根本上消除蚊害。

我们知道，蚊子来源于水中。在春夏交接的时候，雌蚊就开始找有水的地方（比如水塘和河流）产卵，蚊子的幼虫在水中生长发育，最后长成蚊子，其中的雌蚊会吸人们的血。蚊子不但吸食我们的血液，还会传播疾病，每年世界上有上百万的人因为蚊子传播的疾病（主要是疟疾和脑炎）而死亡。在"卡特里娜"飓风袭击了美国新奥尔良地区后，蚊子肆虐，成为最让人讨厌的害虫之一。为此，美国昆虫学家在新奥尔良地区的一些水塘中饲养了一些喜欢吃蚊子幼虫的鲤科小鱼。

**食蚊鱼**

这种鲤科小鱼被人们称为"食蚊鱼"。由于它们形似柳条，故又称柳条鱼。食蚊鱼的适应性很强，不仅可以生活于河沟、池塘、沼泽、水稻田等各种水体中，也能放养在小水池、假山水池、家庭种莲缸、插花瓶等小型水体里。它在水温 5～40℃的环境中均能生活，平时喜集群游动于水的表层，行动敏捷。食蚊鱼在夏天十分活跃，当水温下降、天气寒冷时，食蚊鱼往往潜居在深水处或杂草丛生的水域，甚至钻进污泥里越冬，即使水体氧气不足也能存活。

食蚊鱼一般以小型无脊椎动物为食，尤其喜食蚊子的幼虫。由于它无胃，消化道较粗短，在捕食蚊子幼体时可谓是狼吞虎咽。别看这些鱼的个头很小，只有两三厘米，但是它们灭蚊的本领可不小。当水温适宜时，每条鱼一昼夜可吞食蚊子幼虫 40～100 只，最多能吞食 200 多只。利用食蚊鱼灭蚊，既不污染环境，又能把蚊子幼虫消灭在水体里，可有效地控制蚊子的滋生。

世界各国疟疾流行的地区都相继引进食蚊鱼，在自然条件下的各种水面和稻田中将它们成功地繁殖起来，有效地防止疟疾的流行，甚至在消灭

奇妙的海底世界

疟疾病毒战役中也起到了决定性的作用。因此，食蚊鱼又被人们称为防治疟疾的"鱼大夫"。

## 长满黏液的"追杀者"

对于鲇鱼，我们并不陌生，它周身无鳞，长满了黏液，头大嘴大，还长着不少胡须，给人的感觉它是一种憨憨的鱼。但是，生物学家最近发现在荷兰森特帕斯公园湖中有一条凶猛的鲇鱼，体长2.3米，它不但"追杀"水下生物，还常以水上的野鸭、小狗为食。它是目前全球公园中最大的鲇鱼，吸引了众多的游客前去观看。

森特帕斯公园管理人员介绍说，该公园的湖中常年都有野鸭，而野鸭成为这条大鲇鱼的主要食物来源。大鲇鱼会突然从水底冲向湖面，将毫无戒备的野鸭整吞下去。这条大鲇鱼一天能吃2~3只野鸭。大鲇鱼进食野鸭的情景，目前已经成为森特帕斯公园吸引游客的最大亮点。公园管理人员还说，有时公园内一些游客带的小狗不小心掉入湖水中，也成了大鲇鱼的一顿美餐。

据了解，目前全世界约有2.3万种鱼类，而鲇鱼家族是其中庞大的一支，种类超过2800种，也就是说，全球的鱼类品种中有10%以上是鲇鱼。鲇鱼不仅生活在淡水中，也有一些种类生活在海水中，除了南极以外的所有大陆都可以见到它们的踪迹。这类鱼有大有小，包括世界最大的淡水鱼，长达5米，重330千克，也有一种很小的寄生鲇鱼，成体小于10毫米，是最小的脊

鲇鱼

椎动物。至于那些体形大的鲇鱼，由于食量很大，所以具有一定的攻击性，如多瑙河鲇也会偷袭水面上的鸟类和老鼠。

鲇鱼那招牌似的胡子具有味觉功能。它与其他淡水鱼不同，鲇鱼都是夜行动物，主要感觉器官不是依靠视觉，而是依靠触须或其他感觉器官。鲇鱼一般为杂食性鱼种，生存能力很强。也有食物单一的鱼种，如亚马孙河中的寄生鲇就是可怕的嗜血鱼种，只吃荤的，它们会顺着其他动物的排泄口、生殖口进入动物体内，然后将动物的内脏通通吃掉。

## 有趣的鱼类

地球上的鱼类大约有 2 万多种，如何将它们分门别类地区别开来，这既是一项包含生物分类科学的严谨工作，又是一个引人入胜的话题。

我们知道，现代分类学上（包括对鱼的分类）采用的等级主要有门、纲、目、科、属、种，必要时还可以补充一些等级，如亚门、总纲、亚纲、总目、亚目、总科、亚科、亚属等。某种生物作为物种是真实存在的，并不是人为地分类划分。自然界有形形色色的各种生物，在大多数情况下，

海底五彩缤纷的鱼类

物种之间有明确的界线，而且物种是以种群的形式存在，异种之间存在着生殖隔离。

一般来说，生物进化的具体途径有3种：一是由一个类群分化为两个差别不大的类群；二是向某一个体特定方向特化，从而引起形态结构上某些方面较大的变化；三是由低等到高等，由简单到复杂，所谓"复化进化"。需要特别指出的是生物的进化彼此间是相互交错的，同时还包括特化与退化两个方面。因此在分类上通常第一个途径用亚种、种、属表示，而部分属、科、目则与第二个途径相符，部分目、纲、门则与第三个途径相符，在对生物分类时，要根据自然的情况，排列合乎实际的自然系统。

对鱼的分类方法有两种，一种是按鱼的外部形态及习性等方面的一个或几个特征作为分类标准，并不涉及亲缘关系，不考虑鱼的基本结构及演化关系，这是依靠人的主观见解来划分的；另一种是依靠鱼的形态、生态、生理、发生、化石演化关系等知识来分类，这是自然分类法。随着科学技术的发展，在分类学方面还出现了一些新的方法。如细胞分类法、化学分类法、分子分类法等。

## 海底动物也忌近亲繁殖

人类近亲婚配容易产生不良后果，而动物也不例外。无论狮虎豹豺还是鲸鲨鱼豚，近亲繁殖所生的后代往往不是体弱多病，就是存活率很低。究其原因，关键是它们的遗传基因不相匹配。

有趣的是，海洋动物也与人类一样，严禁乱伦。对此，美国明尼苏达大学的安妮·普西和马里萨.沃尔夫教授在《生态学和演化的趋势》杂志上撰文，介绍众多海洋动物是怎样避免近亲交配的。

例如生活在北部海域的一种鲸鱼，一般待在一个群体中，但同它们的大家庭成员之间均不会发生任何性关系，而是在这个群体之外寻找对象。分子生物学研究表明，它们的双亲总是属于不同的群体。

还有一些海洋动物，如果除了近亲以外一时没有别的选择，那就只好耐心地等待。比如海狮的一生，绝大多数时间是在同一个群体中生活的，它们必须接受固定的群狮之王做它们的伴侣，如果这只雄海狮是年轻母海狮的生父，那么这些母海狮的性成熟期就会明显推迟；假使这只雄海狮的王位被另一只雄海狮取代，那么正在成长期的母海狮的性成熟也就会提前。

可是，海洋动物又是如何知道它们之间是否是近亲呢？这主要是依靠一条最简单不过的规则，即早年在一起长大的伙伴通常就是家庭中最近亲的成员，因而不易相爱。

## 高温下的生命奇迹

科学家发现，生活在海底火山口周围的管生软体虫——庞贝虫，具有耐高温的生存能力，其承受的温度范围，远远超过已知的其他任何一种多细胞生物体。因此，假如"世界吉尼斯大全"要为生活在高温环境中的动物开设一项纪录的话，庞贝虫一定会脱颖而出，荣登榜首。

过去，人们一直认为，动物的耐热纪录是撒哈拉大沙漠中的一种蚂蚁创造的，它们能在55℃的高温下寻找食物，而庞贝虫的尾部，可以浸泡在温度高达81℃的水中，头部却丝毫不受这酷热环境的影响，生活仍很正常。

生物学家曾作出过这样的结论：生物体细胞中的膜状结构，如细胞核和线粒体，难以承受温度的骤变，其耐高温的极限是55℃。然而，生活在海底火山口周围的庞贝虫，否定了这一结论。庞贝虫不仅能耐81℃的高温，而且能离开炎热的管子，游到温度仅为10℃的海水中觅食。庞贝虫能够承受前后这样悬殊的温度，真是绝无仅有。

根据检测，在庞贝虫寄居的管内海水中，含有硫化物，还有诸如铅、镉、钴、锌、铜之类的重金属，其海水的高温以及化学成分的毒性，足以使许多动物致命，但庞贝虫并未受到影响，原因是丝丝缕缕的共生菌在庞贝虫的背部形成了一层羊毛绒状的外套，它可以从周围环境中排除有毒物质。科学家们设想，如果能从庞贝虫的共生菌中提取酶，便可以用来清洁积存于人体的毒素，将为生物疗法开辟新的渠道。

# 鱼类的性别改变

在千奇百怪的鱼类世界里，有的可以发生性别的改变。这一奇妙特性令人惊奇。

红海中生活的红鲷鱼以20条左右为一群，其中，只有一条雄鱼，其余的全都是雌鱼。一旦这条雄鱼死去，便出现了奇怪的事情：在剩余的雌鱼中，身体最强壮的一尾便发生体态变化，鳍逐渐变小，体色变艳，内部器官也随之发生变化，成为彻头彻尾的雄鱼。如果这条变化而来的雄鱼再死去，在剩

红鲷鱼

余的雄鱼中，另一尾最强壮的雌鱼就又要"升格"为雄鱼。更为有趣的是，红鲷鱼的这种变化，和它们的视觉有着密切的关系。只有当雌鱼看不到有雄鱼存在时，才会发生这种变化。倘若雌鱼能够看到有雄鱼存在，上述变化就不会发生。

黄鳝20厘米以下全为雌性，长到20厘米开始变性，到36～37.9厘米，已是雌雄各半。长到53厘米，彻底变成雄鱼。

管鼻鳍是生活在西太平洋中的热带鱼，一般长达1米以上。随着身体增长，体色由黑变蓝，再变成黄色，同时雄性变成雌性。

沙鮨鱼雌雄同体，成年鮨鱼第一次交配后，夫妻颠倒进行第二次交配。它一生中做一次妻子，再做一次丈夫。

墨西哥石斑鱼，体内同时有两种性腺，既有卵巢，也有精巢，能产卵，也能排精。

有些鱼类的性别变化，具有十分复杂的情况。生活在加勒比海和美国

佛罗里达海域的蓝条石斑鱼，是一种性别变化很频繁的生物。在产卵的时候，一对婚配的鱼在一天时间里，要发生5次性别的变化。印度洋红海珊瑚丛中，有一种白头翁鱼，每到生殖季节，原来的性别则全部进行转换。雄鱼变成雌鱼，雌鱼变成雄鱼。不过，雌鱼变成雄鱼后的20多天里仍然能够产卵。

## 奇怪的海底软体动物

在海底世界里，有一种会给自己造"房子"的动物，它们能从自己的身体里分泌出石灰质，作为建筑材料来建造"房子"，用做自己的栖身之地，这些动物就是贝类。因为它们的身体柔软，所以归属于软体动物。它们建造的"房子"就是那些五光十色的贝壳。软体动物门的种类非常多，在动物界中是仅次于节肢动物门的第二大门，共分为7个纲，即无板纲、单板纲、多板纲、双壳纲、腹足纲、掘足纲和头足纲。除无板纲和单板纲之外，其余5个纲的种类在中国海都有分布。目前，在中国海共记录到各类软体动物2557种，占我国海域全部海洋生物种的1/8以上。

海底世界里最大的软体动物，莫过于头足纲鞘形亚纲乌贼目中的大王乌贼。大王乌贼是蓝色血液，但是因为血蓝蛋白携氧能力不强，在15℃左右的温度下，血蓝蛋白只是10℃携氧能力的25%，所以大王乌贼生活在2000米左右的深海地区中！早在19世纪末，对大王乌贼有过这样的记载：它的身长为5米，触手长达35米；它的眼睛直径达48厘米，这在整个动物世界也是举世无双的。这种乌贼也是所有无脊推动物中体积最大的动物。

大王乌贼生活在深海里，通常人们难以观察到这一神秘"海中巨人"的"庐山面目"，要捕获它也十分不易。最早人们是从捕获到的抹香鲸的胃里找到了大王乌贼的躯体，可解剖抹香鲸所得到的不过是经过胃液消化的残存肌体组织——它们的触手和两颌躯体部分。直到1877年，人类才首次在北大西洋纽芬兰的海滩上找到了一具大王乌贼的尸体，并据此制作了唯一基本完整的大王乌贼标本。

# 千姿百态的珊瑚家族

南海诸岛及其邻近的许多礁滩，几乎都是由珊瑚礁组成的。那里的生物种类繁多，构成多样性极高的生物群落。珊瑚礁的水下世界是有名的海底花园，也是潜水活动、水下旅游最富吸引力的地方。如果你还未到那里玩过的话，在你的生活中，确是缺少一段奇妙的经历。当你一旦潜入珊瑚礁海底时，定会被那一幅幅绚丽美景吸引住。

珊瑚礁主要是由石珊瑚和藻类等钙质生物的骨骼组成，因而石珊瑚成为珊瑚礁最主要的角色，并以其艳丽的色彩和千姿百态的造型引人注目。石珊瑚为什么会有那么艳丽的色彩呢？主要是由于寄居在珊瑚细胞里共生的虫黄藻具有丰富的色素，它们能随着环境的变化而呈不同颜色。石珊瑚的形态，除种类不同的原因外，诸如海流、光照、海水的清洁度等外界环境因素对它也有一定的影响。

当你潜入岸礁礁前的珊瑚林带或环礁的潟湖坡附近，见得最多的将是各种各样分枝状类型的珊瑚；有些地方，整片都是一丛丛细长分枝的美丽鹿角珊瑚。它们以褐、蓝、黄、绿色为主，顶端呈白、粉红或淡蓝色。潜游其中，令你感到身在花的世界，你会不忍心在其上驻足，因为怕碰断这些娇嫩的小枝。有的地方，珊瑚主枝侧向相互连结，大致呈水平方向伸展，向上生长的小枝很短，长度相差不大，由主枝和小枝形成巨大的掌状或荷叶状的是匍匐鹿角珊瑚。远远看去，它们宛如一群热情的主人向你伸出众多热情的巨掌，欢迎贵客光临。在一些较陡的礁前斜坡，还会看到一些粗大结实的枝体迎浪生长，犹如悬崖上的苍松。那是太平洋鹿角珊瑚或亲密鹿角珊瑚。分枝类型的珊瑚还很多，有的呈灌木丛状，小枝顶端尖细；有的分枝粗短，枝体呈锥状；又有的分枝并不规则，顶端呈扭曲的薄片状。总之，珊瑚的形态变化万千，难以一一详述。

另一类薄片状或叶状的群体也很引人注目，有的群体似螺旋状卷曲的玫瑰花瓣，多层套叠，如叶状蔷薇珊瑚；有的群体叶片如卷曲的荷叶状，上面密布同心状环纹，如厚丝珊瑚；有的表面呈扭曲的绳纹状凸起，好像象牙雕就的缀山，如阔裸肋珊瑚；还有一种由较厚而坚实的叶片组成，叶片纵横交错，间隔成一个个的房室，叶片之间相互联结、支撑，这是牡丹珊瑚。这种结构，加大了它的抗浪能力，使它能在礁体的局部地方占优势，这不仅在水下可以见到，在已出露的礁坪上，也经常看到它们大片大片地被完整保存下来。

多数枝状和叶片状的珊瑚，由于生长迅速，形成的骨骼疏松多孔，质脆易断，它们主要生长在较平静的水体里，如潟湖坏境。而块状或半球状形态的珊瑚生长较慢，但骨骼相对坚实，能承受更大波浪的冲击，因而在分枝状群体难以驻足的礁石斜坡强浪区，块状群体明显占优势。

在珊瑚礁建造方面，块状珊瑚起支架作用，尤其那大块的滨珊瑚所起的作用更大。潜水所到礁的各个部分，均可看到块状滨珊瑚大小不同的群体，其外形通常呈半球状，表面平滑或具不规则的突起，最大的群体直径达几米，宛如一座小山丘，其上经常有软体动物和龙介虫等钻孔生物栖居。有的块状珊瑚球体表面如紧密排列盛放的菊花，那是蜂房珊瑚科的种类；有的表面呈脑纹状，甚至曲折似迷宫，这是扁脑珊瑚；有时一些个体较大的珊瑚，白天也伸展出长长的触手，宛如一束束美丽的彩带，只要你轻轻

海底珊瑚礁

触动它，就会慢慢收缩回去，这时，才能看到珊瑚的骨骼形态。你也许看过珊瑚触手慢慢伸展的镜头，也可能是摄影师把水下镜头对好距，用个小东西轻轻拨弄触手，拍下它慢慢收缩的过程，然后倒过来放映的效果。

软珊瑚是珊瑚家族的另一主要成员。它们没有沉积钙质骨骼的功能，只在体内形成游离分散的骨针，因身体柔软而得名软珊瑚，又名海鸡冠。软珊瑚的形态多样：分枝状、指状、穗状或边缘折皱的肥厚片状。它们的数量多，往往在局部地方形成优势种。有时大片枝状或指状的软珊瑚枝体随海流摆动，看上去胜似金黄色的麦浪，犹如绒毯般铺满海底，构成绚丽的海底奇观。西沙、南沙的不少潟湖边都有这种景色。还有一种喜欢生长在礁崖上的棘穗软珊瑚，不但质地柔软，通体剔透，更有多种艳丽的颜色，在海底能像翡翠一样吸引人。

柳珊瑚也是珊瑚家族的另一主要成员。它的骨针互相融合成群体的中轴，如在礁区潜水中常见的海柏。它们的群体常在同一平面上作侧向分枝，整体呈扇状，故又称海扇。它的群体尤其轴部骨骼呈红色，所以有人叫它红珊瑚。其实真正的红珊瑚是它的同宗，是做名贵装饰品用的珍贵珊瑚，它产自更深的水域，一般潜水人员难以达到这种深度，因而更难一睹它的面目。

珊瑚家族中还有一些是根本没有造骨功能的成员，如人们在水族馆里常见的海葵。海葵和珊瑚虫一样，在口盘周围有一圈触手，只是海葵通常比珊瑚的个体要大，它的触手也相对较大较长，触手末端圆而透亮的是内含毒液的刺丝胞，是用来御敌和捕捉小生物的。如果你碰到毒性较大的刺丝胞，会有麻痒的感觉。可是你在珊瑚礁潜游时，一定会发现不少小鱼在海葵的触手丛中进进出出，一点也不怕这些刺丝胞的伤害，海葵也不怕这些鱼儿的骚扰，原来它们之间早已建立一种互惠共生的关系了。

## 珊瑚礁的生物世界

在珊瑚礁水下，若把各式各样的珊瑚比做盛放的鲜花，那么，珊瑚礁鱼类便是恋花的彩蝶。它们与珊瑚共同构成了珊瑚礁海域的动人景致，也增添了海底世界的生命旋律。珊瑚礁鱼不但种类繁多，且多数体态矫小，颜色鲜艳，成为珊瑚礁环境中的娇客。

人们最熟知的珊瑚礁鱼类，可能要首数小丑鱼了。它们的体色有黄、红、棕黄等，大多有 2~3 条白色或淡黄色的彩带，能随意穿梭于海葵的触手丛中，使人联想到马戏团的小丑角色，因而得名。蝴蝶鱼以其种类繁多、色彩艳丽著称。纹饰也极其多样，或具纵向、横向或人字条纹，或具一个或几个黑色斑点，状如眼睛，既增加了美感，又可迷惑敌害不敢轻易侵犯，故有假眼点娇客的美名。它们更有成双成对活动的习性，为其他鱼类所罕见，因而博得热带鱼饲养者的特殊宠爱，总想鱼缸中不能缺少这类娇客。豆娘鱼个体矫小，以天蓝、蓝绿者居多，或具数条色带，在珊瑚丛中爱成群活动，在礁区潜游时极易看到。刺盖鱼，又称刺蝶鱼，体色鲜艳多彩，有金黄、紫蓝、棕褐等色，具各色纵向、横向条纹，呈新月形或半圆形状，尤其幼鱼的条纹构图奇妙，在珊瑚礁的美丽景色中极吸引人，这些鱼类不失为被品评甚高的观赏鱼。鱼类的部分器官特征，也大大满足了观赏者的猎奇心理。以燕鱼为例，其侧扁的身体，卵圆的轮廓，加上前部大大延长的背鳍和臀鳍，在海洋中成群出现，确是一幅壮观的景象。同样，镰鱼背鳍特别延伸成弓状，也引起观赏者的极大兴趣。具毒刺的蓑触其体色和鳍条的特征可说是到了出神入化的地步。一种叫魔鬼蓑触的面部，由红、棕、黑、白诸色构成复杂细密的花纹，当今京剧的脸谱也难与之媲美。它的背鳍、胸鳍的鳍条有鳍膜相连，游动时犹如舞台上的花脸登场。当你在海水中遇到它们的话，可要当心千万别碰它们。

在珊瑚礁区可供观赏的生物还有很多，其中作为珊瑚礁常客之一的贝类，有不少壳色美丽、壳形奇异的种类，是很有观赏价值的，其中最受人喜爱的可能是宝贝类了。虎斑宝贝，个体较大，壳表有一层透亮的珐琅质并装饰有似虎豹身上的斑点。阿拉伯缓贝，壳表具纵横交错的棕色点线花纹。而个体较小，表面鲜黄或灰绿并有两条灰色横带者，是古代曾被当做货币的货贝。凤螺类的壳表色彩鲜艳，花纹多样，外形奇异美观。分布于南海诸岛的唐冠螺，壳体重厚结实，形如唐僧的帽子，贝壳内外唇呈淡橘黄色，还有褐色斑纹，十分可爱。法螺壳体较大而质坚，喇叭形，表面具褐色花纹，内为光亮的橘红色。法螺又是吞食珊瑚天敌长棘海星的能手，因而又是珊瑚礁的卫士。砗

**法　螺**

磲是体形特大的双壳类，体内有许多共生藻类，使外套膜颜色斑驳异常，在两壳张开时外套膜充分外露，潜水时千万勿踏进去，否则，它双壳闭合时会造成伤害。还有很多贝类都是很美丽的，有的以珍珠层厚，壳体通透著称，如夜光螺、马蹄螺、蝾螺等；有的以壳形奇异闻名，如琵琶螺，竖琴螺；有的以壳饰特殊如海菊蛤引人喜爱。

　　珊瑚礁的生物世界是十分奇异的，有一种像蚯蚓一样的龙介虫，从它构筑的虫管里伸出羽状鳃冠，红色或粉红色的丝状触手，呈螺旋状排列，向外伸展，胜似美丽的花丛，也不失为一个奇景。一种与海参同一大门类的海羊齿，它的腕足又分生出小腕足，小腕足上又附生许多羽状小枝，整丛腕足有绿、黄、红、棕等各种颜色，这些腕足伸张聚合，构成一幅十分美丽动人的画图，好像要与千姿百态的造礁珊瑚争妍斗艳似的。

　　我国的南海诸岛，台湾南部以及海南岛南面的三亚湾、牙龙湾都有典型的珊瑚礁，若能到那里去做一次潜游，尽情享受这海底花园的美景，定会令你乐而忘返，真可说是人生一大乐趣。

# 贝类的性变与繁殖

贝类动物多为雌雄异体，但雌雄同体种类也相当普遍。

在雌雄异体种类中，因多数为雌雄同形即两性第二性征不明显，很难根据外部性征识别雌雄，只有少数种类为雌雄异形即两性第二性征比较鲜明，故可根据外部性征鉴别雌雄。

雌雄同体种类在无板纲、瓣鳃纲和腹足纲中十分普遍。如无板纲的新月贝科，瓣鳃纲的扇贝、无齿蚌、球蚬、豌豆蚬、孟达格蛤、内寄蛤、砗磲、船蛆、孔螂、蛏蛤等属，腹足纲的后鳃亚纲和肺螺亚纲，它们中的大多数种类具精子、卵子并相发育的精卵巢。前鳃亚纲的眼孔虫戚、天窗虫戚、帽贝、笠贝、海蜗牛、盘螺、圆柱螺、内壳螺、发脊螺、尖帽螺、帆螺、鹅绒螺和拟石蟥等属，均为雌雄同体。

贝类动物虽区分为雌雄异体和雌雄同体，但这种区分并不是恒定不变的，雌雄异体的种类可以发生性逆转而互换性别，雌雄同体种类也能因性变而成为雌雄异体。腹足类的帆螺、玳玡螺和履螺，其性变现象令人瞩目。一个个体在幼年时是雄性，到完全成长时则变为雌性，这是由于精巢和交尾器逐渐萎缩而卵巢则逐渐发育变为雌相。在这种性变过程中，有渐变的，渐变中有一段时间是疑性的；有突变的，雄性性状很快为雌性性状所取代。如船蛸，幼龄时都是雄性，但有些个体的精泡中混有卵泡，在第一次性成熟时，完全起雄性作用，以后环境适宜便很快变为雌性。牡蛎是雌雄同体种类，但又不是绝对的，部分个体雄性性状（或雌性性状）显得强盛，而雌性性状（或雄性性状）仅显痕迹。个别个体则是单纯的雌性（或雄性），即变成了雌雄异体。褶牡蛎和长牡蛎是雌雄异体种类，但有少数个体是雌雄同体，且它们的性别也是可以变换的。

性变现象何以产生？迄今仍是一个不解之谜。许多学者的意见颇不一致，归纳起来有如下几种：

水温：根据实验，贻贝的性变与水温有关。在月平均水温为 13.2 ～

19.9℃时，雄性个体比例高；当月平均水温升高至 20 ~ 29.3℃时，两性比例接近。水温下降时，雄性个体又增高。由此看出，水温低雄性个体占优势。

代谢物质：牡蛎的性别有两种相，体内蛋白质代谢旺盛时，雌性相占优势；体内碳水化合物特别是糖原代酬旺盛时，雄性相占优势。

营养条件：在养殖场作比较试验，发现在优越环境条件下，雌性牡蛎占优势；而在营养条件差时，雄性牡蛎占优势。

雄性先熟：有学者认为，营养条件不是决定牡蛎性别的因素，而是由雄性先熟现象所导致。如僧帽牡蛎幼龄时都是雄性，即使在优良的营养条件下也是如此。这是因为幼龄牡蛎的生殖腺都是两性的，它们的性别是倾向于可以变换的状态，但在一般情况下，由于精子形成快，因此在第一次性成熟时常表现为雄性，而在生殖季节过后，又恢复到两性状态。第二年表现出哪一种性状，由营养条件决定。营养条件优越时，牡蛎长得大而肥，刺激卵原细胞形成和生长，抑制精原细胞形成，结果使雌性牡蛎比率增高。

寄居蟹：有学者发现，僧帽牡蛎的外套腔中常有豆蟹寄居，而凡被豆蟹寄居的牡蛎，其雄性个体显著增多，由此说明寄居蟹与性变有关。

多板类、瓣鳃类、掘足类和原始腹足类没有交尾器，不能交尾，只能靠亲贝排出生殖细胞在海水中受精，或者雄性将精子排入海水，再被雌性吸入体内，在鳃腔或输卵管中受精。

头足类雄性有一个或一对特化的茎化腕，借此与雌性交尾。这其中有两种方式，一是茎化腕能自动脱落与雌性交配，二是不能脱落而作为传递生殖产物的媒介器官。金乌贼在交配时有追尾现象，经过一段时间追尾后，雄性首先向雌性发情，向上翘起第一对腕，雌性则将腕撑开呈辐射状，并突出口膜，这时雄性迅速与雌性相对，各自用二三对腕相互交叉并紧抱对方的头部，最后雄性用左侧第四腕即交接腕上的吸盘钩住从漏斗口排出的成对精荚，迅速送至并沾黏在雌性的口膜上。交配时间长短不一，一般 2 ~ 15 分钟。经过第一次交配后，如果雄性仍不离开雌性，则有连续交配的可能。

短蛸亦有寻偶现象。雄蛸一旦遇到雌蛸，则将其右侧第三腕即交接腕慢慢伸到雌蛸背后，当交接腕的尖端触到雌蛸的外套腔时，随即将交接腕的尖端折回，使呈钩状插入雌蛸的外套腔中，并由吸盘将漏斗口喷出的乳白包精荚送入雌蛸的外套腔内。全部过程仅有 3～4 秒钟。短蛸交配多为配偶成对，但也有两只雄蛸同时与一只雌蛸交配的现象。进行交尾的贝类，精、卵的受精部位多数在外套腔中进行。

雌雄异体的腹足类，生殖时亦需交尾。交尾时，雄性的交接突起即相当于高等动物的阴茎插入雌性的交接囊中，精子与通过输卵管的卵子在此相遇而完成受精。

雌雄同体的腹足类，多数种类因精、卵不能同时成熟而无法自体受精，所以亦需通过交尾进行异体受精。对于具两性孔但距离较远的种类，如海兔交尾时，通常由多个个体并列排在一起，第一个个体充当雌性的性角色，最末一个个体充当雄性的性角色，中间的一系列个体充当雄、雌两性的性角色。换言之，即第二个个体一侧的阴茎伸入第一个个体的交接囊中，而另一侧的交接囊则为第三个个体的一侧阴茎所插入，依次类推，最末一个个体一侧的阴茎伸入倒数第二个个体的交接囊中。具两性孔但距离较远的种类中，也有只由两个个体进行交尾的现象。这样的话，只有一个个体起雄性的性角色，而另一个个体起雌性的性角色。对于只具一个共同生殖孔的种类，如柄眼肺螺交尾时，只能由两个个体进行。这时二者同时起雌雄两性的双重性角色，即彼此互相受精。

雌雄同体的贝类，其中有少数种类能自体受精。如密鳞牡蛎、肺螺类，基眼目的椎实螺、膀胱螺、扁玉螺，柄眼目的阿勇蛞蝓、蛞蝓和大眼蜗牛等，自体受精现象相当普遍。自体受精有两种方式：一是同一生殖巢中的卵子与精子移到生殖管时，直接结合受精；二是靠阴茎伸入雌性管进行自体交配受精，此方式仅见于椎实螺和扁玉螺。

有的贝类可进行孤雌生殖，即卵子不需要精子参与而能单独发育。据报道，腹足目的拟黑螺就有孤雌生殖现象。

综上所述，贝类繁殖方式千变万化，有不经受精即能孤雌生殖的，有体外受精、体外发育的，有具交尾器而进行体内受精、体外发育的，又有体内受精、体内发育的。

## 身披"盔甲"的海洋居民

蟹具备了潜水艇、挖泥机、垃圾处理机的多种功能，是自然界一种奇妙的生物。蟹眼180°的视角，蟹能依照体内的24小时"时钟"，变换其掩护色；能重新长出失去的"潜望镜"，或折断其肢体逃生；能辨识很远的化合物，也能随意逆转使用自己的呼吸系统，因此，它不但能在水上或水下呼吸，还能在稀泥或沙土中呼吸。世界上约有4500种真正的蟹，它们都具有这些本领。

蟹是十足甲壳动物的俗称。十足目包括小虾、龙虾、寄居蟹和真正的蟹。真正的蟹大小差异很大，小的豆蟹，仅有6毫米长，而巨大的蜘蛛蟹，脚的跨距为1.5米。

蟹在遇到紧急情况时，会巧妙利用生理结构来逃生脱险。蟹的十肢都有预先长好的断线，若有一肢给掠食的鱼咬到了，或受了伤，或夹在石头缝里，它便立刻收缩一种特别肌肉，断去这一肢，趁敌害在全神贯注地对付那仍会扭动的断肢时逃走。蟹在断去肢体时连血都不流，因为蟹肢内有一种特别的膜，将神经与血管完全阻断。加之又有特别的"门"，将断处关闭。同时，血细胞立即供应脂蛋白质，开始长出新肢。

为了自身的繁衍，雌蟹一次产下18.5万粒左右的卵，有的雌蟹最多时产卵达到100万粒以上。蟹卵孵化很快，几个小时后，就变成短头盔形的水蚤幼体，长着两个突出大眼。3个月后，变成巨眼幼体，蟹形大致出现。再过几个星期，巨眼幼体顺水游到一片浅水泥浆里，变成幼蟹。此后，它就在海床上度过一生。长成的蟹是甲壳纲、十足目的硬壳生物。它有两个鳃室，各有6条通道，即10条腿上端的细长裂缝和口相通的2条沟。水是通过头上毛茸茸的"桨"被拨进鳃室的。它还有扫除器，叫做副肢，不断地清除鳃内杂物。

100 多年来，许多生物学家都在研究、观察蟹，但是，仍然有许多问题找不到令人满意的答案。例如，很多蟹体内都有一种生物"时钟"，它能使蟹壳颜色出现有规律的变化。人们发现，岸蟹身上有红、白、黑 3 种色素，白天壳上散布着红、黑两种色素；晚间这些色素减退，色变淡。这种生物现象是无法解释的。蟹的识别方向能力很特别，有些蟹在水底利用天体及分析偏振光等方法决定方向，这也是让人难以解释的。又如，蟹有一对特别的复眼，视角达到 180°；复眼的眼珠下面连接一个眼柄，藏在甲壳上的坚硬眼窝中，可以个别向外伸出。假使弄坏了一只眼睛，它会很快长出一只新的。人们无法解释的是，蟹的眼珠和眼框是全部损坏或割断后，就不再长出新眼，还是只能在眼窝中多长一只触角。生物学家还发现，蟹的动脉血压只有人类血压的 1/20，因而动脉血管大，不会出现高血压病，也不会死于心脏病。可是，为什么有的蟹的鳃底下，另外还长一个辅助心脏，难道仅仅是为了帮助血液循环？

# 有趣的海洋生物

## 具有亲缘关系的"活化石"

文昌鱼是低等脊索动物，在世界各地分布较少，只分布在我国的厦门和青岛等海区。

文昌鱼生活在沿海浅海的浅水中，有时在水中游泳，经常潜藏在水底的粗沙里，只露出身体的头端，从水中摄取食物。文昌鱼的身体细长而侧扁，头端和尾端尖细，一般长50毫米左右，外形很像一条小鱼。其实，它与鱼有很大的差别，它的身体半透明，没有真正的头部，没有眼，也没有像鱼那样的偶鳍等。所以，文昌鱼明显地具有脊索动物门的3个主要特征：它具有脊索、背神经管、鳃裂。文昌鱼的这些结构特点，在脊索动物中是

文昌鱼

比较原始的，而且它的肾管的结构特点与无脊椎动物的很相似。所有这些对于研究生物的进化具有重要价值。因此，科学家们认为，文昌鱼在动物进化过程中，是从无脊椎动物进化到脊椎动物的过渡类型，它是说明无脊椎动物和脊椎动物具有亲缘关系的"活化石"，它对于研究动物的进化和胚胎发育，都具有重要意义。

## 两栖动物的祖先

众所周知，青蛙、大鲵都属于两栖动物，它们有许多与鱼相似的地方。两栖动物的生殖和鱼类一样，要在水中才能完成。可是青蛙、大鲵的祖先又是谁呢？

科学家从古生物学中找到了证据，它们在地层里曾经发现过一种古代的总鳍鱼类的化石。古代的这种总鳍鱼类，胸鳍和腹鳍的基部肌肉比较发达，适于在水中爬行。同时侧鳍内的骨胳结构和古代的两栖动物的四肢骨很相似。古代总鳍鱼的鳔，适于在陆地上呼吸空气，当水里缺乏氧气的时候，它就用鳔在空气中进行呼吸。这些事实说明，两栖动物是由古代的总鳍鱼类经过漫长的发展过程，逐渐进化来的；同时也说明脊椎动物是从水生向陆生进化来的。

## 蓝血动物

鲎是当今世界上一种既古老又奇特的动物，主要分布在我国的福建和广东地区，它属于节肢动物门、肢口纲。

鲎是节肢动物门中体型最大的种类，在我国有中国鲎和同尾鲎两种。鲎既像虾又像蟹，人称之为马蹄蟹，是一类与三叶虫一样古老的动物。从4亿多年前一直到现在它的模样几乎没有什么改变，所以称之为"活化石"。每当春季繁殖季节，雌雄鲎便各自寻找自己的"伙伴"，一旦结为"夫妻"，便形影不离。肥大的雌鲎常驮着自己的"小丈夫"慢慢而行，如果此时能捉到它从水中提出时，便是雌雄一对。更为奇特的是鲨的血液是蓝色的，这是因为它的血液里含有铜元素，自前几年从鲨的蓝色血液中提取到用途广泛的"鲨试剂"之后，鲨更是名声大震，成了科学家们争相研究的对象。

## 五颜六色的"维纳斯花篮"

人们对海绵并不陌生。海绵是一种最低等的海洋动物，种类达数千种之多，可谓是海洋动物中的大家族。

海　绵

从海绵的外表看，它们五颜六色，千姿百态。有扁管状群体的白枝海绵，有圆筒形单体的樽海绵，有似一串精巧灯笼状的矮柏海绵，有像一个玻璃纤维球直立于柄上的佛子介海绵，有扁平如薄纸的寄居蟹海绵，还有被称之为"维纳斯花篮"的偕老同穴海绵。尽管海绵的体形千变万化，从体态上可分为两大类：一是土墩形，另一种是烟囱形。生活在海流较大环境里的海绵，多为土墩形，能适应海浪和海流的冲击；生活在平静海域里的海绵，体态多像一个细高的烟囱。

今天，就连中学生也知道，海绵是一种海洋动物。然而，关于海绵究

有趣的海洋生物

竟是动物还是植物的问题，竟争论了近200年。的确，从海绵的外表看，它不像动物。它浑身上下布满小孔，有骨针，有海绵丝，还有滤食水沟系。这些外在特征使它在动物界中独树一帜。海绵常年静卧海底，不见它吃，也不见它喝，更看不到它的运动；就连它的体色，也像花儿一样，有大红的、鲜绿的、褐黄的、棕色的、乳白的，还有紫红的，等等。难怪我们的祖先都深信不疑地将海绵划归到植物界。后来，人们发现海绵是生活在它的一种腔隙中的动物分泌物后形成的，才对海绵有了新的认识。当年进化论的先驱者之一生物学家拉马克，将海绵称之为植物形动物。最后，人们利用显微镜等技术手段，应用生理学、胚胎学等知识才最终揭开了海绵的秘密。

海绵的结构非常特殊。单体海绵很像一个花瓶，瓶壁上布满无数小孔，是入水孔。瓶腔便是海绵腔，瓶口是海绵的出水孔。这就构成了海绵动物特有的滤食水沟系：海水从"瓶壁"渗入，然后又从"瓶口"流出。如海绵腔的内壁上，无数的领鞭毛细胞，把海水中的营养物质，如动植物的碎屑、细菌等，吸收过来，捕捉吞噬，再进行滤食。这一套捕食法，古人是无论如何也想不到的。有人计算过，一个10厘米高的海绵，每天能抽滤海水22.5升，出水孔的流速可达每秒5米。这高速离去的水流，能保证海绵体内排出的废物不再"回炉"。海绵真像一台节能的水泵，不断滤食，使其能在缺乏营养的热带珊瑚中繁衍生存。

人们还发现，凡是有海绵的地方，很少有其他动物居住。对此科学家是这样解释的：首先，海绵对那些贪食动物没有任何吸引力，因此，海绵天敌不多；其次，海绵多栖息在海流流动的海底，很多其他动物难以在此生活下去，其食物可以独享；再次，海绵身上有种难闻的恶臭，这可能是为了自身的安全，其他动物不得靠近。近些年，随着人造海绵业的发展，使得海绵养殖业日趋衰落。但是，随着科学技术的发展，人们会不会发现海绵动物的新价值呢？

# 盛开的动物鲜花

珊瑚石是大家所熟悉的观赏物。它来自海洋，是由海洋里的低等无脊椎动物珊瑚虫的骨骼沉积聚集而形成的。长久以来，珊瑚的生物称谓和它的骨骼共用的是一个名称。为了区别两者，人们称骨骼为"石"，称其生物体为"虫"。在热带海洋中，珊瑚虫聚集在一起，成为大的群体。千百万年来，由于群体不断聚合，珊瑚虫生了长，长了死，生生死死，使其骨架也在不断地向宽度和高度发展，从而形成了形状万千、色彩斑斓的群体生活的珊瑚虫，它们的骨架是连在一起的。其肠腔也是通过小肠系统，连在一起。所以，这些群体珊瑚虫有许多"口"，它们共有一个"胃"。这是海洋生物中极为奇特的一种生命形式。

在沿赤道的热带海域，散布着星星点点的岛礁。它们之中有不少是珊瑚虫的杰作。在自然界，能建造珊瑚礁的珊瑚虫大约有500余种，这些造礁珊瑚虫生活在浅海水域，一般水深不超过50米，适宜温度为22~32℃。温度低于18℃则不能生存。所以，在高纬度的温带或寒带海区是见不到珊瑚礁的。

珊瑚的触手是对称生长的。根据其触手的数目，人们把珊瑚虫分为两大类：六放珊瑚和八放珊瑚。珊瑚虫一般都是肉食性动物，别看它生在礁石上一动不动，照样可以用水螅芽的触手捕食。许多小体形海洋动物，通过海流、潮汐，不停地在珊瑚的水

潮汐奇观

螅上来回游动，这便给它带来捕食机会。令人称奇的是，在珊瑚虫的体内，生活着一种更小的动物——虫黄藻。虫黄藻与珊瑚虫构成一对共生的伙伴，如果一方遭到破坏，另外一方也失去继续生存的条件。

海葵也属于珊瑚纲。海葵有花一般的触手，颜色鲜艳，非常美丽。它和珊瑚一样，被人称之为"海底鲜花"、"会开花的动物"等。与珊瑚不同的是，海葵大多是单体生活的，体态要比珊瑚大许多。海葵也是食肉性动物，它是靠它那鲜艳的色彩、花一样的诱人姿态去吸引小动物上钩的。它的触手上有许多刺细胞，可以分泌出有毒物质。触手是海葵的捕食工具，也是它御敌的武器。小鱼、小虾都不是海葵的对手。但有一种小鱼，叫小丑鱼，也叫海葵鱼、双锯鱼。它和海葵构成共生关系，小丑鱼在海葵的触手中间游来游去，一方面吸引其他小鱼上钩，同时也能得到海葵带毒触手的保护，还能吃到海葵吃剩的残存食物。这样小丑针既吃饱了肚子又帮助清洁了海葵身上的杂物，真是一举多得。要特别注意的是海葵触手毒性大，在游泳和潜水时要特别小心，不要随便用手去触摸，以防被海葵触手刺伤。

小丑鱼和海葵的共生关系，以及海葵毒为何对小丑鱼无任何影响，这些问题都是海洋生物学家们感兴趣的课题。

## 创造奇迹的"石头"

珊瑚是低等的腔肠动物。它们常常被看做一种植物，甚至石头。

腔肠动物具有内外两个胚层，内外胚层的细胞围成唯一的腔——消化腔。它们有口却没有肛门，食物的进入与排泄物的排出，走的是同一个孔。珊瑚生活在海底，低等加上个体的渺小，本应该使它们在自然界中处于无足轻重、可以忽略不计的地位，更不会建造什么奇迹。而我们通常看到的珊瑚，也的确不是个体的珊瑚虫，而是群体珊瑚的骨骼。

低等而渺小的珊瑚通过无性别参与的出芽生殖来繁衍后代，即每一个新生命体的形成都是由母体的体壁向外突出，逐渐长大，形成芽体。芽体成熟，并不脱离母体，再突出新的芽体，这样，珊瑚们代代厮守在一起。

由于珊瑚的外胚层细胞能分泌石灰质，生成外骨骼，所以那些死掉的"祖先"们仍以骨骼的形式与它们的子孙相伴。珊瑚群栖在海底，逐渐形成了坚硬的外形，而且是很庞大的、美丽的。在中国的海口、北海等海滨城市，工艺品商店出售的珊瑚花，其实便是一种被称做石珊瑚的珊瑚群体。

石珊瑚群体所构成的美丽，的确不辱"花"的名声。它们形状各异，婀娜多姿，分外窈窕，在海底呈现红、绿、橙、黄、紫等多种色彩，万紫千红，美不胜收，具有极强的观赏价值。

珊瑚堆积，成为海底的暗礁，是航船的大敌，万吨巨轮冲破涛天海浪，却可能毁灭在这些低等腔肠动物的"尸体"上。而沿海的岸礁，却像是海边的天然长堤，使海岸固若金汤。

在海南沿海一带，石珊瑚用来盖房子，坚固耐用、便宜美观。珊瑚还可烧制成石灰制水泥和铺路，台湾很多街道是用珊瑚铺成的，路面坚固平坦。

珊瑚完成的最伟大的工程，自然是珊瑚岛。这些渺小的个体代代堆积，历经千万年的演化，竟可以制造陆地。我国的西沙群岛、太平洋中的斐济群岛、印度洋的马尔代夫岛，都是由珊瑚堆积而成的。人类填海造出来的陆地，面对这些珊瑚岛显得太渺小了。当我们在这些岛屿上建造自己的文明时，是否能够想象出它们历经的岁月呢？

"无足轻重"、险些被我们"忽略不计"的低等腔肠动物珊瑚，竟然缔造了连人类也无法企及的奇迹，而这一切，完全是因为群体的力量，得益于一代代携手努力、不断累加的结果。

弱小者创造的奇迹，才是真正的奇迹。

## 携老同穴

携老同穴，是海绵动物门中一个极特殊的组成部分。严格地讲，它是由两种动物构成的，外面的海绵动物，以及它体内的一只俪虾。

海绵动物是多细胞动物中最原始、最简单的一门，在古生代的寒武纪前已经出现，虽然经历了几亿年的进化，组织器官仍然没有分化，没有口和消化腔。它们绝大多数生活在海洋里，过着底栖固着生活。一般呈高脚杯状、瓶状或圆柱状，体壁表面有许多进水孔。动物学家证实，正是这些进水孔中的一个，成为小俪虾进入海绵动物体内的通道。

俪虾进入海绵动物体内中空的中央腔，在那里生活、成长，个体逐渐增大，那些进水孔不可能再使它们已经长大的身体经过。一旦进入便无法出来的命运，使俪虾与海绵动物合为一体，它们在经过海绵动物体内的海水中觅食，不是同年同月同日生，却可能同年同月同日死。于是，人们将这种体内寄居着一只俪虾的海绵动物称为携老同穴，它被类比于人世间的一对伉俪，便是很自然的事情了。

这个奇异组合体外面的海绵动物不应该与俪虾共用一个称号，而且，这个共生体似乎不应该归入海绵动物门，因为这不利于说明它是两种动物的组合。但是，"携老同穴"这四个字，已形象地将两种动物连在一起，一个新的动物便被塑造出来了。是呀，既然是一对终生厮守的伴侣，还有什么必要拥有各自的名字呢？以整体的面目出现，不是更能寄托人们的美好祝愿吗？

携老同穴在日本海一带十分常见，一对男女举行婚礼时收到的最好的礼物，便是一只装在玻璃瓶里的携老同穴，或是它们的标本。人类婚姻中的双方被祝福像这携老同穴一样，一生厮守，永不分离。

人类对婚姻的美好向往及其不幸的命运，便都由这奇异的共生动物昭示了。我们实在有必要注意一个重要的事实：那只寄居于海绵动物体内的俪虾，很可能一直在做着挣脱出来的梦想，只不过无法实现罢了。它是在幼小时进入的，那时它很可能不知道自己做了些什么，更想不到自己一生的命运就这样注定了。当它成年之后，感觉到海绵动物的中央腔并不是自己理想的家园，想出来，却已经不可能了，这时，俪虾的痛苦与绝望可想而知。

俪虾与海绵动物虽然被紧紧地连在了一起，但幸福与否却没有人知道。

没有哪种动物愿以失去自由的方式得到婚姻，即使是再美满的婚姻。

一只成年俪虾，即使能够，也不会选择这种天长地久的携老同穴。我们总是在不知自己需要什么的时候，决定了自己的人生，而当我们明白人生中最重要的是什么时，一切都已经晚了。海绵动物的身体，对于寄居其内的俪虾来讲，无疑是一个牢笼。

围城还有打开城门走出来的希望，俪虾却无法幻想海绵动物的进水孔会扩大到足以使它逃脱。将携老同穴送给新婚之人，虽然可能成为它们婚姻的美好象征，但另一种可能性却更大：某一天，这对夫妻中的某一位，面对这珍贵的礼物独自垂泪，与俪虾惺惺相惜。

## 贝类之王

在贝类这个大家族中，谁的个头最大？海洋动物学家可以告诉你，砗磲的个头最大。砗磲属双壳纲。人们在太平洋的热带海域发现的大砗磲，壳的直径超过 2 米，体重达 2000 千克以上。据说，在早期的海洋考察中，发现的砗磲更大。

砗磲生活在热带珊瑚礁海域，喜欢栖息于低潮线附近的珊瑚礁岩中。幼体时，壳顶伸出强有力的足丝，牢固地黏着在海底岩礁上。因此，一旦幼体粘到了岩礁上，便终生不移位。有的砗磲则在珊瑚礁上穿洞穴居，把自己的身体埋在珊瑚礁之中。砗磲的食物是海水中微小的浮游生物。潮涨潮落，海水流动，便把热带海域中各种浮游生物"送到"砗磲的嘴边，砗磲只需张开嘴，吸收海洋中的营养。每当砗磲吃饱了，需要阳光时，砗磲便张开双壳，伸出五颜六色的外套膜，像一件极不规则的印有彩色图案的纱巾，在海水中荡来荡去，美丽极了。砗磲就是通过这种方法获得阳光、获得水中的氧及各种营养，使自己的身体不断生长。有时，大砗磲壳内也能长出珍珠，而且个头不小，只是它的质量不佳，渔民称这种珠为"蚵珠"。砗磲不仅个头大，而且寿命长。根据砗磲壳上的"年轮"计算，砗磲的寿命长达上百年。砗磲的闭壳肌肥大，而且营养丰富。当地渔民将采来的砗磲"肉"制成干制品——蚵筋，是南亚一些国家餐桌上的名菜佳肴。

**砗磲**

砗磲壳可以烧石灰，是工艺品的重要原料，因此，近些年来，人们过量采集砗磲，使其资源遭到破坏。在1983年，国际上已把砗磲列为世界稀有物种加以保护。

砗磲的分布并不广泛，其主要生活区域在印度洋、太平洋的热带珊瑚礁海域。在我国的台湾附近海域、南海海域，特别是西沙、南沙及南海其他岛屿的瑚珊礁海域都有分布。

## 海兔三绝

在我国沿海海域里，生活着一种很小的软体动物。人们给它起了一个很美的名字，叫海兔。这是因为这种娇小的软体动物，体呈卵圆形，头颈上长着一对触角和一对嗅觉触角，形似兔耳，故得名海兔。海兔属腹足纲，体长10厘米，体重不过20克。在沿海水域真是个谁都看不上眼的家伙。但是，这种看似娇小体弱的海洋动物，为了生存，也有自己的绝活。

海兔一绝是它奇特的生殖方式。海兔是雌雄同体的海洋软体动物。每到春秋两季海兔繁殖的时节，只见数不清的海兔聚在一起，串连成一串串，如一条长长的绳索。在这个生命的链条上，除首尾2只外，其余的海兔，它们既是父亲，也是母亲。这种性别关系非常特别，链条中的同一海兔，对于前面的来说，它是父亲；而对后面的来说，它是母亲。也就是说，到了产卵季节，几乎每只海兔，既是爸爸，又是妈妈，它们共同担负起生儿育女的责任。海兔的生殖能力是令人吃惊的，它们交配之后便产卵。一产就是数十万粒，而且是粒粒相连，酷似串珠，海兔排队成串，交配、产卵，十分有纪律；同样，它们产出的卵也是行是行、串是串。

海兔的第二绝是它有拟色的本领。为了生存，不被敌害吃掉，海兔在出没于海藻丛时，施展出奇妙的"隐身术"。一旦它食进墨角藻，体色很快就变成墨绿色。当它食进红藻时，它的体色又变成玫瑰色。当它吃进海带时，它的体色又变成棕褐色。海兔真是吃什么，体色就变成什么，是名副其实的小"变色龙"。

海兔的第三绝是它十分擅长"化学战"。在海兔的体内，有两种特殊腺体：一种是毒腺体。当遇到敌害时，海兔能从毒腺体中施放出带酸味的乳液，将来犯者麻醉，使其丧失能力。另一种是紫色烟幕腺体。当遇到敌手时，海兔打开"扳机"，施放出紫红色烟幕，使敌手误认为自己被击中出血，正在迷惑之中，海兔便乘机逃之夭夭。

海　兔

海兔对于我们人类来说，首先，它是上好的食品。在我国东南沿海，当地生产一种海粉，或是海桂面，其原料就是用海兔卵干制而成的，做汤尤为鲜美。其次是它的药用价值。在《本草纲木拾遗》中载有"海粉治赤痢，风疾"，主治肺燥咳喘、流鼻血、火眼等疾病，而且效果颇佳。可见我们的古人早就知道海兔的药用价值了。

## 海中烟幕手

说到墨鱼，它对许多人来说并不陌生，因为在菜市场上常有墨鱼出售。墨鱼还有一个名字叫"乌贼"。不论是叫墨鱼，还是叫乌贼，从名字的称谓看，这种动物和黑墨联系在一起，浑身黑糊糊的。从动物分类学上看，墨鱼不是鱼，它属于贝类。从它的外型看，它的足不像其他动物长在腹部，而是长在头顶上，因而，又称它为"头足类"。

墨 鱼

喷射墨汁是墨鱼的逃生绝招。当墨鱼遇到意外情况，或碰到敌害的时候，它首先使用的武器就是喷射墨汁，在自己的周围布设墨汁烟幕。有趣的是，墨鱼布设的黑色烟幕其形状轮廓和自己的体形极为相似。墨汁含有毒素，可麻痹敌人。黑色烟幕的突然出现，给敌人留下的印象是，"怎么突然之间变大啦！"海水被搅成一团漆黑，烟幕可保持十多分钟。即使是再勇猛的敌害见此状况，也会莫名其妙，不知所措。此时，墨鱼可乘机逃离危险。你别说，墨鱼的这一招的确非常灵。正因为它有此绝招，所以它躲过

奇妙的海底世界

了许多天敌。

喷射黑色墨汁，在明亮的浅水海域有御敌作用，然而，墨鱼不总是在浅水中活动。墨鱼也时常潜入数百米或上千米的深海活动。在深海，阳光照射不到，伸手不见五指；本来就是一片漆黑，再喷黑色墨汁就没什么用处了。令人称奇的是，生活在深海的墨鱼，经过体内机能的调整，喷洒出来的不是黑墨汁，而是会发光的细菌。这种细菌一接触海水，马上形成晶莹发光的烟雾，使来犯者眼花缭乱，不知这里发生什么意外情况，墨鱼便抓住时机，逃之夭夭。

在头足类动物中，除了墨鱼之外，还有鱿鱼和枪乌贼。鱿鱼的眼睛角膜有孔，所以又称它是"开眼族"，枪乌贼的眼睛角膜无孔，又称其为"闭眼族"。鱿鱼脚的长度占身体比例比枪乌贼大得多。从外观看，枪乌贼躯干狭长，末端为尖形，像个标枪头。枪乌贼行动迅速，像一支飞行的枪头，故称其为枪乌贼。枪乌贼生活在近岸海域，春季产卵时，成群结队游向岸边。产下的卵包在棒状透明胶质鞘内，许多卵鞘连在一起，如同一朵朵白花，非常好看。

墨鱼、枪乌贼、鱿鱼的个头都不大，胆子也很小。所以，给人留下的印象是头足类都是胆小鬼。这就大错特错了。在头足类中有一英勇善战的悍将，它就是章鱼。章鱼的头顶长着8只脚，像8条带子，因此，中国渔民叫它"八带鱼"。章鱼性凶猛，属肉食性动物，每个脚上长满吸力很强的吸盘。体内有个墨囊，墨汁含有毒素，章鱼的墨汁不仅用来防御，还是十分凶猛的进攻武器。有趣的是，章鱼在休息时总保持警惕，有一两只脚在"值班"，不停地转动，让其他部分充分休息睡眠。如果遇有意外，章鱼会立刻跳起，喷出墨汁，迅速将自己掩蔽起来。章鱼的种类很多，在北太平洋有一种大章鱼，其腕足长达9米。

此外，还有一种叫大王乌贼，体形更大。据早期航海日志记载，这种大王乌贼，长达30余米，腕足数十米长，可真称得上头足类的"巨人"。有时，大王乌贼碰到抹香鲸，谁也不相让，便在海中展开大搏斗。大王乌贼利用它粗壮的腕足死缠住抹香鲸的躯体，再用强有力的吸盘，死死"咬"

住抹香鲸的头。而力大无穷的抹香鲸也不示弱，用充满利齿的大嘴咬住大王乌贼的尾部。两个其大无比的巨兽，互相拥抱着。翻来覆去，把海水搅得浊浪冲天。谁胜谁败，常常是很难预料的。有时，大王乌贼也会喷射出墨汁，企图麻痹抹香鲸，把方圆数千米的水域染成一片墨水。两只巨兽博斗的现场，常常被搅得昏天黑地，结果又常常是两败俱伤。

今天，留在海洋中的头足类的生命史是十分久远的。科学家们研究表明，墨鱼和它的同类原先是有外壳的，属于鹦鹉螺类。早在几亿年前的古生代，鱼类还没有问世，数量众多的鹦鹉螺和水母、海绵是海洋的原始主人。经过数亿年的演化，鹦鹉螺逐渐进化，外壳变成了内壳，又变成了内鞘，成了现今的墨鱼、鱿鱼、章鱼等头足类。所以，海洋中的头足类，是个生命史极为久远的家族。

## 章鱼传奇

深邃的海洋，无奇不有，它们千奇百怪，各显"神通"。

章鱼和人们熟悉的墨鱼一样，并不是鱼类，它们都属于软体动物。章鱼与众不同的是，它有 8 只像带子一样长的脚，弯弯曲曲地漂浮在水中，渔民们又把章鱼称为"八带鱼"。

提起章鱼，它可是海洋里的"一霸"。章鱼力大无比、残忍好斗、足智多谋，不少海洋动物都怕它。章鱼是一种敏感动物，它的神经系统是无脊椎动物中最复杂、最高级的，包括中枢神经和周围神经两部分，而且在脑神经节上又分出听觉、嗅觉和视觉神经。它的感觉器官中最发达的是眼，眼小但很大，而且睁得圆鼓鼓的，一动也不动，像猫头鹰似的。眼睛的构造又很复杂，前面有角膜，周围有巩膜，还有一个能与脊椎动物相媲美的发达的晶状体。此外，在眼睛的后面皮肤里有个小窝，这个不同寻常的小窝，是专管嗅觉用的。

章鱼之所以能在大海里横行霸道，是与它有着特殊的自卫和进攻的"法宝"分不开的。

章 鱼

首先，章鱼有 8 条感觉灵敏的触腕，每条触腕上约有 300 多个吸盘，每个吸盘的拉力为 100 克，想想看，无论谁被它的触腕缠住，都是难以脱身的。有趣的是，章鱼的触腕和人的手一样，有着高度的灵敏性，用以探察外界的动向。每当章鱼休息的时候，总有一两条触腕在值班，值班的触腕在不停地向着四周移动，高度警惕着有无"敌情"；如果外界真的有什么东西轻轻地触动了它的触腕，它就会立刻跳起来，同时把浓黑的墨汁喷射出来，以掩藏自己，趁此机会观察周围情况，准备进攻或撤退。章鱼可以连续 6 次往外喷射墨汁。过半小时后，又能积蓄很多墨汁，但章鱼的墨汁对人不起毒害作用。

其次，章鱼有十分惊人的变色能力，它可以随时变换自己皮肤的颜色，使之和周围的环境协调一致。有人看到即使把章鱼打伤了，它仍然有变色能力。美国科学家鲍恩把一条章鱼放在报纸上解剖，令人惊讶的是即将死去的章鱼身上竟然出现了黑色字行和白色空行的黑白条纹。当时鲍恩惊呆了。有人问：章鱼怎么会有这种魔术般的变色本领呢？原来在它的皮肤下面隐藏着许多色素细胞，里面装有不同颜色的液体，在每个色素细胞里还有几个扩张器，可以使色素细胞扩大或缩小。章鱼在恐慌、激动、兴奋等情绪变化时，皮肤都会改变颜色。控制章鱼体色变换的指挥系统是它的眼睛和脑髓，如果某一侧眼睛和脑髓出了毛病，这一侧就固定为一种不变的颜色了，而另一侧仍可以变色。

再有就是章鱼的再生能力很强。章鱼遇到敌害时，有时它的触腕被对方牢牢地抓住了，这时候它就会自动抛掉触腕，自己往后退一步，让断触腕的蠕动来迷惑敌害，趁机赶快溜走。每当触腕断后，伤口处的血管就会极力地收缩，使伤口迅速愈合，所以伤口是不会流血的，第二天就能长好，不久又长出新的触腕。

章鱼有高超的脱身技能。由于章鱼能将水存在套膜腔中，依靠溶解在水中的氧气生活，因此它离开了海水也照样能活上几天。有人目睹了这么一件有趣的事：一位学者把章鱼放在篮子里，提着它上了电车，过了十来分钟，突然从电车后部发出了尖叫声，原来章鱼竟从半寸大小的篮眼里钻了出来，爬到了一位绅士的大腿上，使他歇斯底里地怪叫起来。这是因为章鱼能使自己那胶皮一样柔软的身子变成饼状。

章鱼喜欢钻进动物的空壳里居住。每当它找到了牡蛎以后，就在一旁耐心地等待，在牡蛎开口的一刹那，章鱼就赶快把石头扔进去，使牡蛎的两扇贝壳无法关上，然后章鱼把牡蛎的肉吃掉，自己钻进壳里安家。就这一点足以说明章鱼不是愚笨之辈。其实章鱼的智能远不止此，它还会利用触腕巧妙地移动石头，这对于章鱼来说，石头既是它们的建筑材料，又是防御外来敌害攻击的"盾"。一旦自己无处藏身时，章鱼就会自力更生地建造住宅，它们会把石头、贝壳和蟹甲堆砌成火山喷口似的巢窝，以便隐居其中。章鱼在出击时，常常求助于石头。有时它将一块大石头作为挡箭牌，置于自己面前，一有风吹草动，就把石盾推向敌害来袭的一侧，同时利用漏斗向敌害喷射墨汁。当它要退却时，又会用这石盾断后。

章鱼又是出色的"建筑家"。说来也怪，它每次建造房屋都是在半夜三更时分进行。午夜之前，一点动静也听不到，午夜一过，它们就好像接到了命令似的，8只触手一刻不停地搜集各种石块，有时章鱼可以运走比自己重5倍、10倍，甚至20倍的大石头，在章鱼喜欢栖息的地方，常有"章鱼城"出现，这些由石头筑成的"章鱼之家"鳞次栉比，颇为壮观。

　　章鱼好斗成性，它也有点欺软怕硬，碰到比自己厉害的对手，它就施展"丢卒保车"的战术，如果碰到不及自己的对手，它必然把对方打败为止。有人目睹了这样一场有趣的场面：章鱼和龙虾的搏斗，龙虾属于节肢动物，它喜欢栖匿于岩石的缝隙内以及乱石堆或两端有出口的隧洞。有一天，一条大章鱼正在虎视眈眈地游着，对面急冲冲地游过来一只大龙虾，龙虾边游边思："就凭我这对大螯夹，碰到个体不大的鱼，每次都是夹到鱼断。"这时，它已经来到了章鱼的面前，两雄相遇，先是互相怒视对方片刻，沉不住气的龙虾，凭着自己那坚硬的甲壳和锐利的大螯夹，首先向着章鱼猛扑过去，章鱼自知这次搏斗会百分之百地胜利，所以它不慌不忙地躲闪了过去，紧接着龙虾又是第二次、第三次朝章鱼扑杀过去，结果都一一被章鱼灵巧地躲了过去。这时的龙虾有些气急败坏，也累得上气不接下气，聪明的章鱼开始运用第一个战术——变色。章鱼一会儿变红，一会儿变绿，一会儿发亮，一会儿变暗，顿时把龙虾弄得眼花缭乱，这时的龙虾气上加气，便一个劲地用尾巴拍打着自己的胸部，经这么一折腾，龙虾真的有些精疲力竭了。章鱼又使出了第二个战术——放触手，把龙虾包围得很严实。早已火冒三丈的龙虾，有这么一个好机会，它哪肯放过，于是马上伸开钢锯般的大螯夹死死地夹住章鱼的触手。这时龙虾心想："奇怪，平时夹鱼那么容易，这回怎么就夹不断了呢？"尽管夹不断，龙虾也绝不放松。在这胜负难分的时刻，章鱼拿出第三个战术——喷射"烟雾弹"，顿时，周围一片漆黑，吓得龙虾辨别不出方向，被麻痹得动弹不得。一场精彩的搏斗，以章鱼胜利而告终。章鱼把龙虾拖到安静的地方，独自品尝这美味佳肴。

　　别看章鱼对待"敌人"凶狠残忍，对待自己的子女却百般地抚爱，体贴入微，甚至累死也心甘情愿。

　　每当繁殖季节，雌章鱼就产下一串串晶莹饱满的葡萄似的卵，从此它就寸步不离地守护着自己心爱的宝贝，而且还经常用触手翻动抚摸它的亮晶晶的卵，并从漏斗中喷出水挨个冲洗。直等到小章鱼从卵壳里孵化出来，这位"慈母"还不放心，唯恐自己心爱的孩子被其他海洋动物欺侮，仍然不肯离去，以至最后变得十分憔悴，也有的因过度劳累而死去。

章鱼凶狠残忍，诡计多端，下海的人遇到它是十分危险的，但是人们还是有办法对付它，只要迅速切断章鱼的双眼之间稍高处的神经，就可以摆脱险境了。

章鱼的肉鲜嫩可口。渔民们就根据章鱼喜欢钻入贝壳的习惯，常常在贝壳上钻个洞，用绳串在一起沉到海底，待章鱼钻进去安了家，再往上拉起来，这样便可以不费多大力气捕到一些章鱼了。

## 漫 话 牡 蛎

牡蛎，简称"蚝"。广东人称"蚝"，福建人称"蛎"，浙、苏一带的人称"蛎黄"，山东以北沿海的人们称"海蛎子"。牡蛎是我国沿海地区常见的经济贝类。

牡蛎壳形不规则，大而厚重，左壳（或称"下壳"）附着在他物上。中间有凹槽，软体藏在里面，右壳（或称"上壳"）较扁平而小，像个盖子盖住软体，无足及足丝。它的形状有椭圆、三角、狭长和扇形等。牡蛎贝壳的形状不仅因种而异，而且受环境影响。如附着物的形状，风浪冲击，以及其他生物在其贝壳表面附着等因素，均能导致贝类外形发生变化。壳色有黄褐、青灰、灰绿和紫酱色等，有些还夹着彩色的花纹。它同文蛤、鲍、缢蛏一样都是贝类，是一种经济价值很很高的海产食用贝类。牡蛎属双壳贝类，瓣鳃纲，牡蛎科。牡蛎的种类很多，全世界已发现的就有100余种，分布于热带和温带。我国自黄海、渤海至南沙群岛均产，约有20种。已进行养殖的牡蛎种类有近江牡蛎、长牡蛎、褶牡蛎、大连湾牡蛎和密鳞牡蛎等。

牡蛎终生营固着生活，不能脱离固形物而自行移动，它的一生仅有开壳和闭壳运动。它的闭壳肌收缩时，壳迅速闭合，闭合的力量相当惊人。据科学测定，其力量足以拖动一件大于自身重量数千倍的物体。贝壳运动时，只限于右壳（即"上壳"）作上下挪动。

不同种类的牡蛎，对外界环境，特别是对温度和盐度的适应能力是不同的。我国养殖的几种牡蛎均属广温性，在－3～32℃的范围内，都能生活。对盐度也有不同的适应能力，海区盐度的变化状况，是选择养殖场地不可忽视的先决条件。

栖息在海边的牡蛎

牡蛎喜食素，主要是海里单细胞浮游生物和有机碎屑。摄食时，除选食物的重量、个体大小外，对食物价值是不讲究的。摄食也无特殊规律性，一般水温在25℃以下，10℃以上时摄食旺盛，在繁殖期内，摄食强度减弱。黑夜或水温低时，就闭壳停食。奇特的是，皓月当空之夜，食欲旺盛。其滤水能力，一只肉重20克的牡蛎，每小时能滤5～22升的海水；有时，能滤达31～34升海水，相当于自身肉重的1500～1700倍！

牡蛎有雌雄同体和雌雄异体两种性现象，它们之间还经常发生性别转换。同一个牡蛎个体在不同年份或季节，其性别可以不同。牡蛎的繁殖期随种类的不同也有差异。繁殖季节，一般是4～8月间，盛期为6～7月。繁殖期大都在本海区水温较高、密度较小的几个月份里，且产卵量很高。

牡蛎在养成条件较好的海区，养2年就可收成。收获季节一般在蛎肉最为肥满的冬、春两季。收获牡蛎的方法是在底质平坦的浅海区，用蛎子网捞取。蛎网网口用铁架制成，网前有铲头6～8个，在拖网过程中，铲蛎入网。在底质不平的岩礁底海区可选用钢丝耙取，再用抄网捞起，也可用蛎夹将蛎石捞起后进行采收。在潮间带养殖的牡蛎，可在干潮时装船，运回岸上采收，一般用蛎刀开壳取肉，鲜肉可以冰冻或鲜食，也可用鲜干、熟干、盐渍等方法进一步加工，或制成罐头。

牡蛎的营养价值很高，肉嫩味鲜，享有"海底牛奶"的美称。在山珍海味中，它属于"八珍"之一。据科学分析，牡蛎肉含蛋白质 45%～57%，肝醣 19%～38%，脂肪 7%～11%，还有碳水化合物及多种维生素。牡蛎肉除含多种氨基酸外，还富含牛磺酸。牛磺酸具有增强机体免疫力，促进新生儿的大脑发育，增进智力的作用。牡蛎壳含钙极其丰富，经焙烧水解，成为活性生物后，易于机体吸收和利用。牡蛎壳除含钙之外，还富含磷以及各种微量元素，如辞、铁、锰、硅、硒、硫等。其壳还可制作贝雕工艺品，亦是高标号水泥的理想原料。

牡蛎肉不但可以生食、烹食，还可以制成蚝豉（生晒蛎干，广东人称蚝豉），用牡蛎加工成的蚝油，是驰名中外的高级调味品。

在我国医药史籍中，很早就有用牡蛎做药的记载。明朝医学家李时珍著的《本草纲目》中记载："多食蛎肉，能细洁皮肤，且补肾壮阳，并能治虚，解丹毒。"并称牡蛎壳亦为上品，久服可强骨节，止痛，补肾安神等。现代医学理论认为，牡蛎可用于治疗高血压、高胆固醇、头晕目眩、自汗盗汗、遗精、带下及瘰疬等症。其还具有潜阳固涩，化痰软坚，息汗和同精等功效。近几年来，利用它不断研制的保健食品和药品受到了普遍重视。

我国牡蛎的天然苗源很丰富，又具有许多风浪平静、潮流畅通、形似喇叭或布袋的港湾，是天然生长和养殖牡蛎的好地方。我国养殖牡蛎的历史很悠久，宋朝即已"插竹养蚝"。现广东、福建、台湾多采取半人工采苗养殖的方法，培殖牡蛎。目前，国内外对海产品的需求与日俱增，发展浅海滩涂养殖业的经济效益十分可观。因此，牡蛎的养殖，为开发我国得天独厚的浅海滩涂资源，为我国这种传统海产品的增产创收，创造了良好的条件。

## 鲍鱼非鱼

鲍鱼名鱼不是鱼，是海中的软体动物。它被认为是性格刚强、敢于与风浪搏斗的动物。

鲍鱼是一种螺旋形的贝壳，足部发达，位于身体的腹面，所以在动物分类学上归于蝮足纲。它生活在当风、水急，海藻丛生的礁石上，用肥大的足部吸附着岩石，以藻类和其他小动物为食。大风、台风袭击时，鲍鱼首当其冲，经受着巨浪的撞击、急流的冲刷。而鲍鱼毫无畏惧，"任凭风吹浪起，稳坐钓鱼船"。经过与大自然一次又一次较量，鲍鱼练就了一套过硬的本领。据生物学家计算，一个体长15厘米的鲍鱼，足部的吸附力达到200千克。当鲍鱼发现生命受到威胁时，它将牢牢地吸附于石头。很难有什么力量将它们分离开。人类中的捕捉者即使动刀弄斧，也无法将鲍鱼取走，至多将它们弄得粉身碎骨罢了，鲍鱼绝不会屈服。

**鲍 鱼**

鲍鱼的刚强并没有隔断人类捕捉它们的历史。明朝《山堂肆考羽集》中说："草木子，石决明，海中大螺也。生南海崖石上，海人泅水取之，乘其不知，用力一捞则得。苟知觉，虽斧凿，亦不脱矣。"石决明，即指鲍鱼，因为据说"此物能治目，故曰决明"。《本草纲目》上也说，"石决明"有平肝明目之功能，是治眼疾的重要药材。

鲍鱼不仅具有药用价值，更被中国人列为海产八珍之一，它的肌肉肥大，鲜美爽脆，蛋白质含量在24%以上，其营养价值雄居海味之冠。这就难怪乎人们要千方百计地捕食它了。

进入现代社会后，人类捕捉鲍鱼的本领增强了。在中国，采用了潜水衣、防水镜、氧气筒等先进设备，以便增加水下作业的时间，更好地出其不意，智取鲍鱼。

其实，鲍鱼的所谓刚强仅仅是为了得到美餐，那些海藻丛生的礁石上有它们富足的食物，岂有轻易离开的道理？而人更进一步，既然鲍鱼本身就是美味，就必须想方设法地让它们离开礁石，被端到餐桌上。

为了吃，人和鲍鱼都尽力了。

## 鹦鹉螺

鹦鹉螺是地球深藏在海底的一本对月亮背叛行为的记录。这种具有贝壳的头足类软体动物早在 4 亿年前就开始于海底徘徊了，可以说是存在至今的最古老的动物之一。我们知道地球本身也只有 46 亿年的寿命，而地球上的生物史只有 6 亿年。6 亿年前，地球进入太古代的寒武纪，最早的无脊椎动物三叶虫等开始繁盛，到了 4 亿年前的奥陶纪，鹦鹉螺走向高度繁荣。今天我们只能从化石中看到三叶虫的姿色，而鹦鹉螺却仍在海底世界迈着稳健的步态。

鹦鹉螺背腹旋转，呈螺旋形，外表分布着均匀的条条密纹，光泽艳丽，犹如羽毛，壳后部间杂着橙红色波状条纹，形如美丽的鹦鹉，故而得名鹦鹉螺。这种螺的完整贝壳，不需任何加工装饰，已经是珍贵的玩赏品；若经雕刻造型，加工成艺术品，更加名贵，使人爱不释手。

据生物学家研究，鹦鹉螺化石多达 2500 余种，分布于世界各地，说明海洋曾一度是它们的天下。经过几亿年漫长的生存竞争，绝大部分种类已经灭绝，目前在海洋中仅存 4 种鹦鹉螺，而且都是暖水性种类，仅在太平洋和大西洋中生活。

鹦鹉螺与其他有壳软体动物不同，构造和生活习性非常特别。它的壳腔由隔壁分成 30 多个壳室，最后一个为动物体居住的"住室"，而其余均为"气室"。每个隔壁中间都有一个小孔，由动物体后引出一条索状物穿过。

非常有意思的是，德国古生物学家卡恩和美国天文学家庞比亚在研究了鹦鹉螺的构造之后，发现了鹦鹉螺的一个奇异的秘密。在鹦鹉

鹦鹉螺

螺那一个个壳室里面，长有一条条突起而清晰的横纹，叫做生长线。这些神奇的生长线，竟准确地记录了月球的演化史！

两位科学家解剖了数以千计的鹦鹉螺，最后证实，鹦鹉螺的两片隔膜间的生长线条数正好与现在的太阴月（即月亮绕地球一周）的时间相吻合。卡恩和庞比亚还对各个时期的鹦鹉螺化石进行观察，发现在特定的地质年代里，各地不同科属的鹦鹉螺生长线的数目也大体相同，数一数它们的生长线，而也与那个时期太阴月的天数相吻合。比如，6950万年前的鹦鹉螺化石，它的生长线是22条，而当时月亮绕地球一周也只需要22天。

天文学家曾提出，月亮再不愿与地球为伴侣了，正一点点挣脱引力的羁绊，悄然扬长而去。月亮与地球的距离正在一点点拉远，绕地球一周所需要的太阴月时间也在变长。而这些海底的鹦鹉螺，分明成了月亮远去过程的一部备忘录。一个是太空中的星体，一个是海底的软体动物，竟有如此精确的联系，实在是无法解释的谜。

## 海参趣话

据说早在6亿多年前，原始鱼类还没有出现的时候，海洋里就已经出现了海参。

海参的家族是属于棘皮动物门的海参纲，共有1100多种，广泛地分布在世界的各大洋中，从潮间带到不同深度的水中，都可以发现它们的踪迹。

我国海参纲的动物有70多种，从北到南沿海均有分布，但不同品种分布的区域也不同，多数品种分布于南海及西沙群岛。其中可供食用的品种有20多种。在食用海参中，品质最佳的还算是刺参，又叫沙噀，是一种冷水性的品种，它广泛地分布在西太平洋沿岸浅海中。在我国，海参分布在黄海、渤海沿岸。如辽宁省的大连、长山群岛，河北省的北戴河、秦皇岛，山东半岛南岸的俚岛、荣成湾、石岛、胶州湾及胶南、日照，江苏省的连云港等地。此外，我国食用海参中品质较好的种类还有绿刺参（方柱参）、花刺参（方参、白刺参）、梅花参、白底辐肛参、黑乳参（乌元参）和糙参（明玉参）等，这些品种分布在广东、广西沿海及西沙、南沙群岛。

海　参

海参具有很高的营养价值和经济价值。它含胶质高，肉质酥脆，香软滑润，具有丰富的营养，是一种不含胆固醇，富含高蛋白、低脂肪而著称的动物性蛋白的高级食品，对人体具有特殊功能，深受人们的喜爱，是筵席、佳节不可缺少的海珍佳品。干海参可食部分占81%，含蛋白质高达76.5%，比牛肉、猪肉、鸡肉、鱼肉、小麦、粳稻大米中含蛋白质分别高

3. 8 倍、3. 4 倍、2. 1 倍、2. 7 倍、6. 7 倍和 9. 8 倍。含脂肪仅 1. 1%。

　　海参不仅是海味珍品，还是名贵的滋补佳品，具有良好的药用功能。古书记载："海参温补，是敌人参"，具有滋阴补血、健阳、调经、养胎、利产等功效，它高蛋白，低脂肪，重铁质，含有多种氨基酸和硫酸软骨素，又不含胆固醇，是治疗高血压和冠心病的良药。刺参体壁可用于肾虚阳痿、肠燥便秘、再生障碍性贫血、糖尿病等；内脏可用于治疗癫痫病；刺参的肠对胃、十二指肠及小儿麻痹等也有一定的疗效。现代药理表明，海参体壁真皮结缔组织、体腔膜和真皮内腺管部分含有多种酸性黏多糖，它对人体的生长、愈伤、抗炎、成骨和预防组织老化、动脉硬化等有着特殊功能，同时黏多糖又是一种抗癌较广的药物，经腹腔静脉注射对移植性实验肿瘤、淋巴肉瘤及乳腺癌均有显著抑制作用，同时也具有较强转移作用。从海参中提炼出来的海参素，又是一种抗霉剂，能抑制多种霉菌。目前已知与刺参药效相似的品种还有花刺参、绿刺参、梅花参和蛇目白尼参等。

　　海参具有"特异"的功能，当周围环境发生突变时，如水温升高，海水被污染，水质浑浊，或其他理化因素刺激时，它的身体便强烈地收缩，以致把部分或全部内脏，包括消化道等器官，从肛门排出体外，这种现象被称为"排脏"。当环境适应时，经过 60 天左右，又能重新长出内脏。锚海参，在环境恶化情况下，常把身体自动切成数段。当海参被切成两段放在海里，每段仍能长成一个完整的个体。这种现象，人们称它为"再生"。当刺参产卵之后，水温升高到 19～20℃时，就开始迁移到深海，寻找水流较稳的岸礁暗处，潜伏在礁石底下，身体缩小，停止摄食和运动，这种现象叫做"夏眠"。一般"夏眠"时间 100 天左右。当水温下降到 19～20℃时，刺参又开始复苏，从隐蔽处出来，开始活动和摄食。由于刺参在水温低于 3℃时停止摄食，水温高于 19～20℃时进入"夏眠"期，一年生长期仅半年左右，因此生长缓慢，所以一般从稚参到成参要 3 年时间。梅花参的体腔还是个高级"旅馆"，经常留住"旅客"，在梅花参体腔内寄居着一种鱼类——叫"隐鱼"，它以尾部先行，进住其体腔内，且常常是雌雄同居一体，"夫妻"共进"洞房"。

欧美人没有吃海参的习惯，而我国却是吃海参最早的国家，人们把鲜参或海参干品经过发泡后进行加工烹饪，做成美味可口的菜肴，虾子大乌参、蝴蝶海参，就是其中的名菜。前者菜形犹如发髻，乌光发亮，酥烂不碎，味道香醇；后者则汁浓汤白，味鲜醇厚，参片似韧而嫩，入口滑润。

## 南极磷虾

南极磷虾是生活在南大洋中的一种甲壳类浮游动物。其实这种虾类，不仅南极海域有，北冰洋海域也有。它们个体不大，体长一般在 3～5 厘米，但是，它的蕴藏量却十分惊人。有人估计，南大洋中的磷虾约有 4 亿～6 亿吨，也有人说，起码有 45 亿吨。不管是哪种说法，作为一种生物资源，它的蕴藏量是相当大的。正因为如此，磷虾在南大洋食物链中起着十分重要的作用。这种富含维生素的磷虾，是须鲸的主要食物；同时，也是其他动物如海豹、鲱鱼、企鹅、海鸟等的基本食物。

磷虾的习性非常特别，它白天生活在深海中，人们在 5000 米以下的水层都能见到磷虾的踪影，夜间才上升到海面。从它的活动方式看，磷虾基本上是做长距离昼夜垂直移动，而且是群体运动，这可能与磷虾生殖方式

南极磷虾

有直接关系。对于这一点，科学家们产生了浓厚的兴趣。在产卵季节，雌虾把卵排到水里。虾卵在孵化过程中，不像其他产卵生物，卵始终在某一深度完成孵化，它是在不断下沉过程中完成的。受精卵离开母体之后，就开始下沉，边下沉边孵化，一直下沉到数百米甚至数千米的深度，才孵化出幼体。而幼体的发育则是在上升过程中完成的。幼体一出现，则下沉停止，开始上浮，逐渐发育。当幼体发育成小虾阶段，就几乎到达海水的最表层。这时的磷虾长成成虾，在表层觅食、生长、集群、繁殖。到发育成熟阶段，再进行下一代的繁殖。就这样一代又一代，在下沉、上浮过程中，实现磷虾的生命的循环。不同海域的磷虾受精发育过程不同，在热带海洋中，一年内达到成熟；而在冷水海域，例如南大洋海域，则需要 2 年时间。

人们在了解了磷虾的繁衍生育过程之后，感到十分困惑不解。例如，磷虾产卵后就能自己下沉几百米甚至上千米，这是什么力量在起作用呢？是发生在卵的自身，还是借用某种外力？又如，磷虾卵为什么能承受如此之大的静压变化？要知道，表层海水静压与深海静压相差数百倍、上千倍。再如，磷虾的孵化过程为什么要采取这种下沉—上浮的方式？这是否也是长期适应南大洋环境的一种本能习性？对于这些问题，人们还一时找不出确切的解释。于是，有人提出，最好的办法是通过人工培养，对于磷虾产卵孵化的全过程进行监测、研究。但是，在实验室里，不管使用何种方式，只能做到较长时间地饲养磷虾，而无法获得磷虾产卵、孵化的过程。看来，攻克这一难关，还需科学家继续付出艰辛的劳动。

## 寄人篱下的关公蟹

也许是因为老百姓对关云长那份深厚的敬重，中国沿海一带便有了被称为关公蟹的数种小型蟹类。

关公蟹据说是因为其头胸甲对称隆起的花纹酷似戏剧中三国时代关公的脸谱，所以得名。这种又被称为鬼脸蟹的蟹种实际上包括了 6 类，它们是背足关公蟹、颗粒关公蟹、日本关公蟹、伪装关公蟹、端正关公蟹、聪明

关公蟹。它们之中，尤以日本关公蟹和端正关公蟹酷似关云长的脸谱，一双丹凤眼，两道卧蚕眉，"面如重枣，唇若涂脂"，相貌威武。若是将它们的头胸甲剥下，作为面具，下面再挂上一排胡须，无需注上文字，看到的人都会异口同声地认定它是红脸关公。

**关公蟹**

旧日捕到这种蟹的渔民，往往对其顶礼膜拜，认为是关云长再世。

《三国志》记载，这位威震三军的猛将"身高九尺，使一把八十二斤重的青龙偃月刀"，留下许多诸如千里走单骑，过五关斩六将的佳话。更有刚直不阿、凛然无畏、忠贞不贰的美名。而那被以其姓氏命名的关公蟹呢？

关公蟹个子很小，作为御敌武器的螯足更小，为了保全性命，通常过着寄人篱下的日子。与其他动物一起过共生生活，是关公蟹经常采取的方式，而共生的目的仅仅是让共生对象成为自己的护身武器。在日本关公蟹和端正关公蟹栖息的区域，经常可以看到它们用最后两对步足背着贝壳在海滩上行走、觅食，在遇到敌人攻击时，它们无力抗争，也无心应战，只是藏入贝壳中，用别人的躯壳把自己掩蔽起来，以避过敌人的追赶，或者弃壳潜逃，让贝壳成为掩护自己的替罪羊。伪装公关蟹则肩负一种海葵在背甲上，犹如古代士兵携带的盾牌，在受惊或遇到敌人袭击时，伪装关公蟹便以海葵作为防御武器，由它去应付敌人，自己在一旁坐观其胜，或是借机逃脱。背足关公蟹、颗粒关公蟹、聪明关公蟹，也各有自己避敌的妙招，但是它们的聪明都不是用在依靠自己的力量面对进攻上，而是如何想方设法地提高逃跑的技巧，嫁祸于人，委屈求全。所以，我们无法看到关公蟹与敌人搏斗的场面。

即便是整天修炼逃脱之技，关公蟹也难免有被人逮住的时候。6 种关公蟹的相同之处在于，即使此时它们仍然不会扬起螯足战斗，仍以保全性命为第一要旨。关公蟹会自行将被敌人捉住的附肢或胸足弃掉，留给敌人做美餐，从而换得活命的权利，生物学上称这种生理机制为自割。由于关公蟹的足的基节与座节之间具有特殊的割裂点，因而附肢或胸足从此点脱落后不致流血，关公蟹更不会流下痛楚和羞辱的眼泪。它们的再生能力很强，失去的附肢或胸足不久便会慢慢生长起来，但这次经历远远无法促使关公蟹增长一点点反抗意识，仍会我行我素地在海底世界过着懦夫的生活。

## 有趣的对虾

对虾是节肢动物门甲壳纲的代表，雌雄异体，并具第二性特征。雄虾的雄性交接器与相互合抱的左右内肢节，共同形成一槽状结构；雌虾的雌性纳精器内有一空囊，可接受并储存精液。雄虾精巢的位置，与雌虾卵巢的位置相当。

每年的 9～10 月份，当年新出生的雄虾便已经成熟了，迫切地去寻找雌虾交配。而雌虾的性成熟期却要晚半年多，翌年的 4～5 月份方展露它们的娇柔和妩媚。

性急的雄虾自然等不到那个时候，总是在秋天便焦急地与尚处于"幼女"状态的雌虾强行交配。

交配半年后，雌虾成为真正的"女人"，卵成熟了，由雌性生殖孔排出，这时，纳精器内的精子溢出与卵结合受精，繁衍后代的使命到此才真正完成。

对虾的卵为沉性卵，产出后便沉到水底发育。

可能是因为未成年便遭肉体折磨的缘故，雌虾的体质很弱，产卵后不大活动，往往潜伏在海底泥沙中恢复体力。这个时期是雌虾生命中最危险的阶段，它们的大多数都被其他动物吞食掉了。那些体力较强的雌虾，能够继续生存下来，并可以继续产卵，但是，第二次产卵之后等待着它们的命运，却总是死亡。它们的身体实在太虚弱了。

　　对虾的成长史是一部痛苦的自我否定史。这种节肢动物体外有一层外骨骼，又称甲壳，它所代表的甲壳纲因此得名。

对　虾

　　对虾幼体的外壳薄而柔软，叫皮；成体外壳厚而硬，称壳。皮质的外壳，不但妨碍幼体向成体的变态，而且阻碍成体的生长。因此，对虾要脱掉这层皮，才可能进入更理想的生命状态，而再往前发展，还要经过一次次脱皮的过程。这种现象，在动物学上被称做蜕皮。每一次蜕皮，都使得生物体更进一步走向成熟。

　　对虾的受精卵在适温条件下成为无节幼体；无节幼体经过几次蜕皮之后，身体渐渐变长，成为后无节幼虫；后无节幼虫经1~2天的发育，蜕皮数次，成为前溞状幼虫；再经过蜕皮，成为中溞状幼虫；再蜕皮，进入后溞状幼虫；后溞状幼虫蜕皮数次后进入最后一个幼虫期，称糠虾期；再次蜕皮长大，变为10毫米左右的幼虾。以上这些蜕皮过程被称为发育蜕壳，据生物学家观察，对虾从无节幼体到幼虾，要经过20多次这样的蜕皮。雄虾到10月以后，已经成熟，不再蜕皮，而雌虾仍然在通过蜕皮生长。雌雄交尾时，常常在雌虾蜕皮时进行，这时候的蜕皮，被称做生殖蜕壳。

对虾蜕皮时，连同胃、鳃、后肠，甚至坚硬的大颚也都一一蜕旧换新，真可谓"脱胎换骨"，其艰辛可以想象。所以每次蜕皮之后，对虾都暂时失去游泳能力，侧卧海底，无力抗拒那些将它选做美餐的鱼类。

蜕皮，对于对虾而言，是生命的一大关，每次蜕皮都可能成为它们生命的终结。但是，对虾也正是通过一次次痛苦的历程长大的，如果它不蜕皮，则永远处于幼稚的无节幼体阶段，不可能成长为具有高度营养价值、个体肥大的海产品。

"脱了一层皮"，人类常用这样的话来形容经受的巨大苦难，对虾的一生，却自觉自愿地进行着这样的脱胎换骨。

## 威武的"虾王"

龙虾，属海洋中最大型的爬行虾类。顾名思义，其样子好像龙头虎身，又如神话里所描述的凶龙，故有"虾王"之称。它是虾类中的佼佼者，其形之美，其体之大，其味之鲜，向来为人们所称道。你看它的头盔，状如龙冠，两条长长的触鞭，恰似古代武将头顶上的雉尾，既美丽，又威武。

龙虾是名贵的食品，肉质厚实，含有丰富的蛋白质、脂肪、维生素、尼克酸和钙、磷等多种营养成分。不论炒和蒸，味道皆甜又鲜美。在宾馆中以龙虾为主的菜肴有"葵花龙虾"、"龙虾肉丝"、"鲜炒龙虾"等，是宴席佳肴。同时，其肉、壳与其他药物配伍，可治神经衰弱、皮肤溃疡等症。人们每得到一条龙虾，往往是先饱口福，后饱眼福。煮熟后细心剔食其肉，后把壳恢复原状，用"福尔马林"防腐剂处理后，钉在木板上，或固定在图案板上，涂以明光油，配上玻璃框，既可作为生物标本，又能做成各式各样的"龙虾挂屏"，形态完美，栩栩如生，真是一种难得的观赏佳品和天然艺术品。

我国已知的龙虾有 8 种，其中中国龙虾数量最大，其次是锦绣龙虾、波纹龙虾、密毛龙虾、杂色龙虾、少刺龙虾及长足龙虾等，主要分布在浙江的舟山群岛、福建的牛山岛，以及广东、广西沿海等。

龙虾的游泳足已经退化，而步足的指节都呈爪状，所以不善于游泳而习惯在海底爬行。龙虾一般都生活在温暖的海域，白天潜伏在岩礁缝隙里，夜里出外觅食。捕捉龙虾的方式有多种：一是网捕；二是用特制的虾笼诱捕；三是渔民潜水捕捉。当晴天水清时，渔民先吸足气，潜入礁区侦察到龙虾行踪后，瞅准时机，一手抓住触鞭，另一手握住虾身，用力脚一蹬，浮出水面，龙虾"将军"就这样束手无策被活活擒拿。

在繁殖季节里，挑选一些雌雄搭配龙虾投放水池内暂养，你可以观察它们之间的活跃"社交"活动，便可发现这样一个奇妙的现象：在非蜕皮时期，水池内的龙虾会跟顽童一样吵闹不休，无论是同性还是异性经常互相咬在一起，你推我拉，有时还会以螯足为武器进行激烈的争斗。得胜者往往奋起追赶失利者，后者活像是在战场上的败兵，一面装出投降的姿势表示向胜利者屈服，一面又在仓皇逃跑中。

但是，待到雌虾一旦蜕皮之后，上述情况便立即改观。雄虾一反常态，变得十分"文雅"可亲，并向雌虾作出一系列的求婚动作。它一面缓缓地轻拍其足，且又非常温柔地围着雌虾旋转求爱不停；另一方面不时地采用自己的触角抚摸对方，显得非常温存而又体贴的样子。起初，雌虾总是摆出一副严守"贞洁"的姿态，但最后还是终因经不住对方的诱惑而伴随"情人"轻盈起舞。经过一阵热恋狂欢，尤其在发情阶段，当雄虾追逐雌虾一段时间后，雌雄虾便互相紧密地拥抱交配，双方便开始进行繁殖后代了。

龙虾的生长与许多虾、蟹相似，要经历多次蜕皮，孵后第一年的小龙虾，约蜕皮10次之多，随年龄的增大，蜕皮次数也逐渐减少，如半千克重的龙虾，一年只蜕皮一次，3~4千克重的龙虾，可以几年不蜕皮。凡经蜕皮后的龙虾身体变柔软，这时是迅速长大增重的时间，每蜕皮一次，约长大15%，增重约50%。在生长旺盛的幼龄阶段，或饵料丰富的水域，龙虾蜕皮次数相应也增多。同时，蜕皮生长又跟水温关系密切。一般使龙虾从幼体达到商品虾规格需5~7年时间，有的养殖户改用温水养殖龙虾，这个时间可缩短一半，并取得相当可喜的成果。

龙　虾

　　龙虾食性杂，耐饥能力相当强，它在短时间离水后不会死亡，因此，采取人工暂养或饲养就比较容易。只要将收购的龙虾，采用网箱或钻孔的铁桶，外裹渔网的竹筐做工具，以塑料筒做浮标，联结绳缆，投放到海里就行。管理简便，每天换水一次的养殖池中，投饵不能过量，只要按时投喂小杂鱼等饵料，每过一个月大约可增重50多克。在国外，饲养龙虾的方法之一，就是使用浅盆装置，把龙虾分隔开来，每盆饲养一只龙虾，就像文件柜那样叠放在木架上，或者将浅盆垂直垒起，放在渔船下的海水中饲养，可从1厘米以上的雏虾养到商品虾规格而出售。龙虾的国际市场需要量大，价格高，是外贸出口创汇的优良海产品之一。

## 大洋猎手

　　鲨鱼的种类很多，世界海洋中至少有350多种。鲨鱼，在古代叫做鲛、鲛鲨、沙鱼，是海洋中的庞然大物，所以号称"海中狼"。鲨鱼食肉成性，凶猛异常，连"海中之王"鲸鱼见了它也得退避三舍。它那食饵时的贪婪凶残本性，给人们留下了可怕的印象。因此，一提起鲨鱼，人们往往会有谈虎色变之感。鲨鱼捕捉食物更比老虎高出一筹，它可充分利用自己独特的嗅觉，探测食物存在的方向和位置，而老虎只是用眼睛和鼻子寻找食物。

　　根据化石考察和科学家推算得知，鲨鱼早在3亿多年前就已经存在，至今外形都没有多大改变，说明它的生存能力极强。但它性格极为凶猛，难怪人们对它存有较大的偏见，认为它是那么的原始和愚笨，其实，鲨鱼不但具有高度发达的脑子，能借助电磁场导航，能将信息储存在大脑的中心部位，而且可直接把信息发送到运动神经系统；并且凭借敏感的嗅觉维持全部生命活动。因此，嗅觉对鲨鱼更显得十分重要而神奇莫测。

　　鲨鱼在海水中对气味特别敏感，尤其对血腥味，伤病的鱼类不规则的游弋所发出的低频率振动或者少量出血，都可以把它从远处招来，甚至能超过陆地狗的嗅觉。它可以嗅出水中百万分之一浓度的血肉腥味来。日本科学家研究发现，在1万吨的海水中即使仅溶解1克氨基酸，鲨鱼也能觉察出气味而聚集在一起。如雌鲨鱼分娩过后，即使在大海里漫游千里之后，也能沿着气味逆游回到它的出生地生活。1米长的鲨鱼，其鼻腔中密布嗅觉神经末梢的面积可达4842平方厘米，如5~7米长的噬人鲨，其灵敏的嗅觉可嗅到数千米外的受伤人和海洋动物的血腥味。

　　更有趣的是，鲨鱼还能根据各种气味来判别自己的孩子，区别敌人和朋友，使自己经常保持与群体的联系，并能雌雄鲨鱼相约去产卵和排精。

徜徉在海中的鲨鱼

由于鲨鱼的嗅觉极为灵敏，非常容易嗅出它们害怕或厌恶的气味。在海水中含量为八百亿分之一的一种人体分泌物——左旋羟基丙氨酸的气味，鲨鱼也可嗅出来。据说曾经有一位钓鲨能手，在后来钓鲨当中，鲨鱼总是不上他的钩，而在同一渔场的其他渔民反而钓的鲨鱼多。鲨鱼为什么害怕这位钓鲨能手呢？经鱼类学家研究发现，那位钓鲨能手曾得过皮肤病，因此留在钓竿上的指纹中含有的左旋羟基丙氨酸较为丰富。鲨鱼闻到了此种气味，对他自然而然地要退避，不上钩的道理就在此。

人们知道，鲨鱼在海洋生物中有许多独特的生态特征。除了它的灵敏嗅觉和很少生病死亡，鲨鱼的牙齿结构又是它的另一个独特生态。凡是熟悉鲨鱼的人都知道，它的牙齿像一把锋利的尖刀，能轻而易举地咬断手指般粗的电缆。如魔鬼鲨，有着长而尖的鼻吻以及锐利的牙齿。不同种类的鲨鱼，它的牙齿大小、形状和功能几乎都不相同。因此，鱼类学家只要从鲨鱼牙齿的形状和大小，就能判别出它是属于哪个目、科、属。

令人惊讶的是，鲨鱼的牙齿不是像海洋里其他动物那样恒固的一排，而是具有 5~6 排，除最外排的牙齿才是真正起到牙齿的功能外，其余几排都是"仰卧"着为备用，就好像屋顶上的瓦片一样彼此覆盖着，一旦最外一层的牙齿发生脱落时，里面一排的牙齿马上就会向前面移动，用来补足取代脱落牙齿的空穴位置。同时，鲨鱼在生长过程中较大的牙齿还要不断取代小牙齿。因此，鲨鱼在一生中常常要更换数以万计的牙齿。据统计，一条鲨鱼，在 10 年以内竟要换掉 2 万余只牙齿。它的牙齿不仅强劲有力，而且锋利无比。例如，有些鲨鱼的牙齿长得利如剃刀，可以用来切割食物；有的牙齿生成锯齿状，可以用来撕扯食物；还有的牙齿呈扁平臼状，可以用来压碎食物外壳和骨头等。北美洲的印第安人把鲨鱼的牙齿用做刮胡子的工具。但可怕的是，它们在相互抢食时，常常会不分青红皂白，甚至连自己亲生的孩子——鲨仔也不放过，吃得一干二净；当一条鲨鱼为其他鲨鱼所误伤而挣扎的时候，这头伤鲨就该倒霉了，其他同宗族的兄弟也同样会群起而攻之，直至吞食完毕为止。还有更加恐怖的是，鲨鱼由于是胎生的，一胎可产 10 余条鲨仔，最高可达 80 余条。这些鲨仔在娘胎里竟也互相残杀。人们曾对大西洋海岸一种虎鲨的肚子做了解剖，得出这一结论：娘胎成了战场，这在任何动物中都是未曾见过的先例。

鲨鱼之所以如此更换牙齿，既与它残暴凶猛、厮杀成性有关，又与它的牙齿形状不同分不开。因为鲨鱼的咬食力可以说是在海洋所有动物中最强有力的。曾有人把金属咬力器藏在鱼饵中，用来测定一条体长8英尺鲨鱼的咬食力大小，经测定结果得知，其咬食压力每平方英寸高达18吨。所以有些商轮在航海的日记上曾记载过轮船推进器被鲨鱼咬弯、船体被鲨鱼咬个破洞的事故，这也就不是什么奇怪的事了。鲨鱼牙齿的形状很奇特。例如噬人鲨的牙齿边缘具有细锯齿，呈三角形；大青鲨的牙齿则大而尖利；而鲸鲨虽躯体庞大，但它的牙齿却是短细如针；锥齿鲨的牙齿是呈锥状且长而尖；长尾鲨的牙齿则是扁平的呈角状；姥鲨的牙齿既细小又多似米粒；虎鲨的牙齿宽大呈臼状等等。鲨鱼的牙齿形状之所以繁多，与其生态食性是密切相关的。

## 能在陆地上奔跑的鱼

弹涂鱼是来到海边的诸多生物中的一种。在离开水远行时，弹涂鱼的嘴里要含一口水，以此延长在陆地上停留的时间。因为嘴里的水可以帮助它呼吸，如同潜水员身上背的气罐充满了气，而这种鱼的"气罐"是充满了水的嘴。然而，鱼离开水还意味着离开了大多数捕食者。这些小鱼给自己找到了食物丰富的地方。在陆地上，弹涂鱼很少受到威胁。

弹涂鱼的腹鳍演化出吸盘，可以帮助它牢固地吊在自己的位置上。弹涂鱼的腹鳍可以强有力地托起自己的身体，胸鳍把身体往前拉。所以这类鱼可以走得更远，对新发现的泥泞地区进行探索。它嘴中含一口水，以取得呼吸需要的氧气，坚强有力的腹鳍支撑身体，演变得很好的胸鳍肌肉能把身体向前拉，弹涂鱼就这样向陆地移动。弹涂鱼还把鳍当成桨，像在海中划水一样，在泥上行走。弹涂鱼还完全依赖海水来获得维持生命的氧气。因为当它张开嘴吃食时，口中维持生命的含氧的水就要流出来，它必须马上补充水，否则就会窒息。

浅滩的水有可能干涸，在泥土还保持一定湿度的时候，弹涂鱼就给自己挖个洞，当掩蔽所使用，这个洞一直挖到水线以下。这样，即便是干旱天气，弹涂鱼还是可以得到供呼吸用的水。泥洞成了弹涂鱼

弹涂鱼

的理想家园。在这里，它们可以抚养后代，泥洞给小鱼提供了所需水的条件，等小鱼长大，也可以嘴含口水到陆地上探险。尽管弹涂鱼有鳃和大海相联系，但是，它们改善了自己在陆地上的生活方式。

尽管弹涂鱼喜欢在烈日下跑来跑去，但仍然逃避不了它们是鱼这一事实。既然是鱼，它们就得随时使身体保持湿润，否则就会死亡。它们的身体结构变化很小，还要经常把身体浸在水中，仅仅把水含在嘴里来获得氧气是不够的。每条鱼要经常使身体保持湿润，以防止危险的脱水现象。因此弹涂鱼的所有活动都是在水塘周围进行的。当然，弹涂鱼在身体某些方面还是有变化的，目的是适应干燥的陆地生活。

弹涂鱼的背鳍功能进化了，它们一改原来在水中支持身体稳定的特性而能折叠，其作用也随之改变。在陆地上生活的弹涂鱼在动感情的时刻使用背鳍。它成了表示愤怒和表示敌意的象征，但使用得最多的却是在为吸引配偶而发出信号的时候。随着弹涂鱼行走的增加，它们的腹鳍和胸鳍的肌肉也变得特别发达，以至于它猛地一跳，可以在陆地上跳出一段距离。它们的眼睛也变得突出了，这样可以补偿水和空气折射的误差。然而，经常把眼睛暴露在炎热的阳光下，就有必要不断地使眼睛保持湿润。

弹涂鱼湿润眼球的方法也是相当奇特的。它把眼球拉进眼窝里，两个

眼窝里有水袋。可是生活在陆地上的弹涂鱼最重要的演变不是发生在身体上而是在行为上。这些弹涂鱼变成了群居的动物，这比它们在海中生活要明显得多。因为它们要在水源附近共同生活，所以它们之间必须密切配合才行。这样一来，鱼群可以共同受益，每条鱼都在观察是否会出现麻烦。

尽管在泥土地区居住比较安全，离捕食者的距离很远，弹涂鱼还是会成为敌害的口中餐。有的敌害可以到它们的新家来捕食。

在泥土平地上有许多麻烦，一些弹涂鱼像它们的祖先一样，直接逃往水中，使劲游到安全的地方。有些弹涂鱼的举动向前推进了一步，在慌忙逃命之际，逃避的本能使得弹涂鱼用尾巴用力推地面，使得自己跳了起来。

弹涂鱼猛力跳起来又使得它在捕食中获益。它可以从远处向猎物扑过去。猛力一跳，可跳过身长的 3 倍远，跳过身高的 2 倍。

有时，大螃蟹的入侵会对弹涂鱼造成威胁，无论如何，一条鱼是对付不了这种进攻的。可笑的是，一只螃蟹能骚扰一群小鱼，然而小螃蟹平时却是弹涂鱼的主要食物，等到螃蟹长大了，又把事情完全反过来了。螃蟹入侵这些小鱼的家园，来吃鱼卵和幼鱼。在弹涂鱼这方面，只有大家联合起来，共同行动，才能解除威胁。当一条鱼对付一只大螃蟹时，螃蟹令人生畏的大钳子会占一定的优势，而大螃蟹被一群弹涂鱼包围时，它自己知道，最明智的方法就是逃之夭夭。

螃蟹也可以钻进湿泥中。弹涂鱼为防止螃蟹这么干，会不断地骚扰进攻者，因为螃蟹待在离自己家这么近的泥中，是一种威胁。面对进攻的螃蟹，弹涂鱼只能和它进行小规模的战斗，不让螃蟹有打洞的时间。即使螃蟹这样躲过危险，但它受了很大的骚扰，当它从洞中出来的时候，它就会到其他的地方寻找食物。

弹涂鱼无论是保卫自己的家园，还是捕捉食物，都处在不利的条件下。不管它们多么有力气，总有失掉口中宝贵的水的危险。无论它们在干什么，它们随时都得撤回来再吸一口水，而这样会给猎物逃走提供机会。弹涂鱼可以在热带的红树林和泥渣地区找到，它们是由鱼演变成陆地动物的鲜明例子。

科学家常常通过观察一种生物的发育过程来追寻这种生物的进化过程。因为这种生物从胚胎发展到成熟的各个阶段反映出其祖先在演变过程中所经历的过程。

弹涂鱼像青蛙的蝌蚪一样，代表着进化史上的同一个阶段。青蛙一出世是蝌蚪，身上长着鳃，在生长的过程中，它们又有些像弹涂鱼，因为它们的腿也变出来了，最后它的长长的尾巴也变短了。从在水中呼吸变成了在陆地上呼吸空气。进化是连续性的。科学家现在已经发现一种青蛙，这种青蛙根本不经过蝌蚪这一阶段。也许将来就不能从单一生物的生长过程来追寻其进化的过程了，因为胚胎期所显示的联系会消失。这样，弹涂鱼就会成为一种有趣的两栖鱼，而不是进化史的代表。

为了了解鱼是怎么在进化过程中发展到陆地上定居的，我们假设弹涂鱼是最先移上岸的，可能由于种种原因，比如持久干旱的季节、迷路，或从追捕者手下逃命，这些鱼可能发现自己已远离水源。

在这种情况下，大多数的鱼在回到原来的池塘前就会严重脱水，但也可能有些坚强的鱼活下来了。它们经过了极端艰苦的环境，忍耐也到了极限。

今天我们越来越清楚地了解到进化过程虽然漫长而且连续，但是要想推动进化向前发展，就要有恶劣的环境给进化提供动力。

目前，有各种弹涂鱼的例子能说明在通常的条件下，一类生物可以毫无改变地生活下去，很多代都不变。但当这些生物的一些成员生活在恶劣的环境中时，它们的忍耐限度会增大并能继续生存下去，它们成为强健的物种，以后在它们身上就会发生更多的演变。

## 珍珠鱼趣话

采珠人都熟知鳞电鳗，因为有时候他们在活珠母贝的贝壳里找到的不是梦寐以求的珍珠，而是鳞电鳗。美国的一家博物馆里就保存着一只壳里的珍珠层下封塞着鳞电鳗的珠母贝！鳞电鳗的别名"珍珠鱼"看似由此而

珍珠鱼

来。不过，鳞电鳗更常见的是寄居在大海参和海星的体腔内。

珍珠鱼不像生活在珊瑚礁里的其他鱼那样有鲜艳夺目的色彩。半透明的修长身体，尾端纤细如针尖，布满全身的暗色小斑点是珍珠鱼的全部装束。在其他动物体腔内的生活方式赋予了它独具的特征：身体上有很结实的保护层以抵御寄主的消化酶；有非凡的忍耐力能在含氧量极低的环境中生存。珍珠鱼的牙齿大而尖利，相当发达的口器同它娇弱的身体结构形成鲜明的对比。

这种鱼在越南南方沿海是相当普通的。有的海域25%～30%的海参和近50%的海星体内都有珍珠鱼寄生。珍珠鱼生性孤僻不喜交往，至少它们不喜欢来客和邻居的造访。在每个寄主那里，不论是海参或是海星，通常只寄居着一条珍珠鱼。1985年在越南南方沿海进行考察的一组俄罗斯专家只有一次在一只海参里同时找到两条，而且其中的一条还是死的。但它并非因老而死，它的全身满是撕伤的痕迹，这是海参的另一"房客"所为，有时候在活鱼身上也能见到类似的伤痕。对鱼胃里的内容物进行常规检查也发现珍珠鱼的胃里除了有小虾蟹外，还有珍珠鱼。毋庸置疑，这种貌似娇弱的鱼实际是很残暴的，残暴到竟然毫不怜悯地吞食自己的同类。

这组专家在对瓜参进行例行研究时，在其体内发现了一种脑袋极小、身体细长透明的奇怪生物。这种外表上同珍珠鱼相去甚远的生物体长达20厘米，几乎比珍珠鱼的平均体长大2倍。查阅科技文献证实了专家们的猜测——这是一种"细体"珍珠鱼的发育晚期的幼仔。20世纪这种幼鱼曾一度被当做鱼类的一个种群，直到上世纪末叶，在研究地中海鳞电鳗的生命循环时，这种误解才得以澄清。

首次发现这种幼鱼之后，陆续又发现了一些。这样，专家们才得以把这种鱼的生命循环搞清楚。12 月到次年 1 月在沿海地区，幼鱼的发育已经完成。在表层水中生活的幼鳞电鳗就要下沉至水底到动物寄生的体腔内生活。尽管对鳞电鳗的生物学研究还很不透彻，但从研究地中海鳞电鳗生命循环周期的意大利学者埃米利的著作中我们知道，这种鱼从卵发育成最初的幼鱼的过程是在表层水中完成的。当时还给它起了一个别出心裁的名字："旗手"。这种幼鱼就是以这个名称作为单独的鱼种的。"旗手"的背鳍是一条长长的突出部分，支承着两侧的叶状突起。它起着类似帆的作用，帮助幼鱼分散海流的力量。"旗手"以浮游生物的机体为食发育生长，下沉到海底不久便变成我们已经熟悉的细小修长的模样。

下沉是这种鱼生命中的转折期：它们必须找到一个合适的寄主——海参或海星，也就是说，它要急剧地变更居住环境，而且，即使幼鱼找到了寄主，潜在的危险可能就在这里出现，幼鱼可能会立即被吃掉。观察表明，在下沉期间，幼鱼大多数成了成鱼的盘中餐。

当然，并非所有的幼鱼都会遭此劫难。部分幼鱼有幸找到无其他鱼住的合适住所，从而完成向成鱼的转变。这种转变无须很长时间，那时它的体长要锐减 2 ~ 2.5 倍，头部变大。换句话说，这种鱼好像是在"倒着长"。其实，只是它的身体在缩小，它的头部生长完全正常，逐渐长大。根据头部的大小，人们可以鉴定出它的大小和年龄。

珍珠鱼就是这样寄居在海参或海星的体腔之中的。但是，如若把珍珠鱼看成寄生虫是不那么正确的，它们并不以寄生的身体组织为食。寄生只向它们提供可靠的藏身之地，并不提供食物。夜间它们会离开寄主自行捕食小虾蟹、蠕虫和小鱼。捕猎完毕回"家"时，珍蛛鱼用尾部在前开路，通过口隙或泄殖腔孔再钻回"房东"体内。尖而光滑的尾部，通体覆盖着一层黏液，而且没有鳞片，要完成这一过程是相当容易的。但要钻回海星体内则要困难一些。实验室观察表明，珍珠鱼必须等待时机，等待海星把它通往品隙的深深的沟槽舒展开来。看来，房东不会因珍珠鱼的"进进出出"大受其苦。专家们从不曾发现珍珠鱼对海星和海参的内部器官有明显损伤的例子。

珍珠鱼寻找寄主主要不是靠视觉，而是靠嗅觉。"打猎"归来找不到原来的"房东"而不得不另觅新"家"的情况屡见不鲜。这时，如果寄主不多，"所有者"与不速之客之间必然会发生冲突。其结果是决斗的一方要么离开"战场"，要么成为幸运对手的分外口粮。专家们曾偶然目睹到一场这种种群内部争斗的奇观。争斗结果是共栖者均匀分配了宿主：每个宿主家里都有一个寄居者。这样的解决方式在许多共栖鱼类、睁壳纲、多毛蠕虫类中是十分罕见的。生态学家可以据此改拟所研究种群的生态学。

有趣的是，珍珠鱼很关心自己住所的清洁。为了不使粪便污染居所，同时又不成为掠夺者的猎物，珍珠鱼有着独特的适应性身体结构：它的肠子的末端不像大多数鱼类那样在身体的后部，而是在身体后部打了一个绊又回转向前到头部，肛门便开在头的下部。要排泄固体粪便时珍珠鱼只需从寄生体内探出身来向外看看，既能及时发现会不会有什么危险，也完成了排泄过程。

有一类珍珠鱼是寄居在海参体内的，另一类寄居在枕形海星体内。两者之间相互关系的危机早在 1987 年已初露端倪。那时，专家们初次在海参中发现了本是寄居在海星体内的珍珠鱼，但当时他们只是把它作为偶然的超常现象，并未觉得它有什么特别的含义。但是 1 年之后，从瓜参中找到的珍珠鱼中有 30%，是属于原先寄居于海星中的，到 1990 年，竟然占到了绝对的多数！

海参（或瓜参），这种个头够大的水底动物（体长 20~35 厘米），有点像一只光滑的毛毛虫，它们以生存在海底泥沙中的微生物为食。它们在珊瑚丛或岩石间平缓的沙地上慢慢地爬行着，虽然它们是水下珊瑚群中的常住居民，但它们的生存并不直接依赖于珊瑚群落的兴衰。

再谈枕形海星。这种笨拙的生物体态厚实，像一节外形浑圆的缩短了的挠骨，因而有"枕形海星"的雅号。它以珊瑚幼虫为食，像 20 世纪 60 年代毁坏了澳大利亚珊瑚礁的"荆冠"。那城市蓬勃的建设要消耗更多的建筑材料，而这里，同其他东南亚滨海国家一样，传统上是靠烧珊瑚来获取的。珊瑚礁被破坏使枕形海星失去了食物来源，因而其数量急剧减少，这也使一类珍珠鱼失去了惯常的寄生场所。不过，它们并没有销声匿迹，而是开始排挤比较顺遂而不富进攻性的寄生在海参中的珍珠鱼种。有趣的是，虽然由于生态平衡被破坏殃及海参中的珍珠鱼种，但它们竟然没有受到多大的威胁！

## 像天鹅一样迁徙

动物季节性地大规模迁徙一直是人们所关注的，当天空飞过一群鹤或天鹅时，很少有人不驻足观望。如今，在非洲大陆仍能见到成群迁徙的蹄类动物和尾随的猛禽。太平洋鲑鱼成群从海洋迁徙到阿拉斯加、堪察加、美洲西北部和远东的河流产卵也属这一现象。

在堪察加河流的浅水区，成群的产卵鲑鱼裸露着背部，紧靠着，"肩并肩"地沿着湍急的河水逆流而上。此时要逮住它们，易如反掌，甚至连笨拙的狗熊都能站在水中饱餐一顿，阿拉斯加的科迪亚克岛，清澈见底的河水被无数的产卵红鳟染成了鲜红色。一些河流落差高达数米，但产卵期鲑鱼并不畏惧，它们像鸟类一样，能逆流跳越高达 3 米的瀑布。

鲑鱼有 5 种：大鳞大马哈鱼、银鳟、北鳟、大马哈鱼和红鳟。鲑鱼在经过海洋中几年自由自在的生活后按季节（夏季或秋季）开始从咸水长途迁徙到几年前它们出生的淡水河流产卵，然后走向生命终点，无一例外。

这个自然规律已有数千年的历史。数千年来，栖息在北美沿河流域的印第安人时刻等待着产卵鲑鱼的到来。每到夏季，阿拉斯加所有村庄的人们全都迁到河边的捕鱼工场中，男人捕，女人剖、洗、晒和烤，整个阿拉斯加的夏季弥漫着一股鱼香。印第安人在俄罗斯人来到前不知面包为何物，鱼就是他们生活中的面包。

如今，人们携带各种摄影器材从遥远的欧洲和美国等地，来到阿拉斯加捕鲑鱼，这纯粹是出于体育娱乐。

**鲑 鱼**

鲑鱼常常成为海鸥和白头海雕的猎物，尤其是后者。据说，曾发生过这样一件趣事：一架低空飞行的小飞机同一条高空落下的鲑鱼相撞，结果飞机严重受损。原来，这条从天而降的鲑鱼，是从正在飞行的白头海雕的嘴里不小心滑下来的。

秋末，当鲑鱼的产卵期行将结束时，白头海雕从阿拉斯加各地飞往切尔坎特河。这条河终年不冻，因此鲑鱼来得最晚。在这个时节，常能见到成千上万只白头海雕在白雪覆盖的河岸上大吃鲑鱼的壮观场面。

在堪察加和阿拉斯加，随处可见狗熊逮鲑鱼的场面。堪察加浅水区和柳丛是狗熊逮鱼最理想的场所；而阿拉斯加有一条全世界自然科学家都知道的麦克宁河，这条河水流湍急，落差较大。每年夏季狗熊在麦克宁河中大显身手。有的在浅水区追逐，有的用熊掌拍打；有的则张开嘴等着跳越瀑布而上的鲑鱼自投罗网。有时，在长达百余千米的麦克宁河上数千头狗熊同时在捕鲑鱼，其场面确实震撼人心。

鲑鱼往阿拉斯加的迁徙之路是漫长而艰辛的。它们要经数千千米的海路和 2000 千米河道的迁徙，最终才能抵达上游产卵地。早在 17 世纪，人们就对鲑鱼迁徙产卵是否回到它们出生地进行过实验。当时，人们将花线扎在大西洋鲑的尾巴上，结果证实，这个判断是正确的。现代科学实验再次证实了早期人们的判断。

美国西雅图大学多纳茨教授是研究太平洋鲑鱼的专家，1975 年他发表了自己的实验研究结果。多纳茨教授先在实验室中将鲑鱼卵孵化成幼鱼，再将它们放到同小河相通的水池中喂养，几个月后，将它们做上标记沿西雅图市的运河和曲折的河流放回大海。

4 年后 9 月的一个早晨，多纳茨教授在清澈见底的水池中发现了许多大鲑鱼，捞上来一看，尾巴上都有他做的记号，可以想象一下，它们的行进路线：海洋——海湾——河口——城市运河和通往水池的小河。鲑鱼没有迷路，它们终于返回"故土"。这次实验影响巨大，是什么"导航仪器"使鲑鱼如此准确地游回它们所需要的地方呢？多纳茨教授认为：鲑鱼对气味特别敏感，它们牢牢记住了出生地淡水的化学成分。

　　那么鲑鱼为何要长途迁徙游回"故乡"呢？其原因也是可以理解的，因为它们生长在这儿，并在此度过了许多美好时光，重回"故乡"是完全必要的，就像人类对故土的依恋一样！

　　鱼类学家在堪察加的尼古拉克河上考察了鲑鱼是如何举行"婚礼"的。开始时，鲑鱼成群在河里出现，先嬉闹玩耍；然后，成双成对地聚在一个个小石坑里，在那里它们将要产卵受精，这是它们生命中最辉煌的时刻。一对对鲑鱼，它们头靠头，尾靠尾，相互摩擦，直至尾巴像旧扫帚一样磨破为止。此时，雌鱼和雄鱼分别排出卵子和精子。产完卵后，鲑鱼已经没有力量逆流而上了，因为从咸水到淡水中鲑鱼早已停止进食，它们的力量完全依靠储存在体内的脂肪和蛋白质。产出卵后的鲑鱼已开始发生明显变化，银白色的鱼体变暗，全身出现红斑，下颌弯曲，背部凸起。就这样，当它们为繁衍新生命而将生命的力量消失殆尽时，当狗熊也能轻而易举地逮住它们时，鲑鱼走完了生命的全部旅程。

　　大自然的法则是严酷的，也是合理的。死鱼含有丰富的磷和蛋白质，这是幼鱼生长的必需养分，可以说，产卵鲑鱼是为下一代而死的。幼鱼将在淡水中生活 1 年后游回大海，再经过三四年或 6 年（按不同种类的鲑鱼）的海洋生活之后，它们又将重复幸福和死亡交替的迁徙之路。

## 好动的飞鱼

　　在我国南海一带，经常能看到从水里钻出一群飞鸟来，掠水凌空飞去，不到 200 米，它们又落到海里去了。那真是飞鸟吗？如果仔细观看，它们的身体都较长，在 50 厘米左右，披着栉形或圆形的鱼鳞，口里还有些细小的牙齿。它们的胸鳍特别发达，像鸟翼似的，可以盖住大部身体，尾鳍分叉，上下大小不同，形状很容易被错认是海燕。其实它们是飞鱼，也叫文鳐鱼。当它们被"敌人"追袭或找寻食物时，能飞出水面三四米高，速度极快，但过不了一会儿，又要入海，稍息再飞。飞翔时候以早晚较多。产卵在夏季开始，集群游到近海藻类较多的地方，在隐蔽的地方产卵。这时也较容易捕获。文鳐鱼种类很多，肉的味道鲜美。

## 随波逐浪的翻车鱼

翻车鱼又叫楂鱼。挺出了脊鳍在海面上悠游自在，样子扁而椭圆，小眼睛生在头的上部，只有脊鳍臀鳍生得特别高，尾鳍接连脊臀两鳍，极阔极短和身体一般大。一眼瞥去，它好似一个有头无尾的蠢家伙。它的体高和体长在 2 米左右，皮肤比较粗糙，背部灰色，腹面全白，也是一种硬骨鱼。它住在离陆地很远的海里，晴天到海面上来游泳，雨天潜伏在海底。它们吃的是水母、虾类、海藻等等。它的体重有达几百斤的，行动迟钝，大都过的是漂流生活，在它游泳时很容易捕获。它的肉十分白嫩，滋味像乌贼，肝脏含油也很多，制成的肝油，治疗刀伤疼痛等很有效，软骨也可以吃。

## 出其不意的魟

海洋里的凶猛鱼类，除鲨鱼外，就要数魟了。鲨鱼和魟都是软骨类（也叫板鳃类），具有翻江倒海的本领。魟更厉害，它是团扇似的扁塌塌的怪物，眼睛生在头顶，有较大的鼻孔，胸鳍特别发达而柔嫩，像蝴蝶展翅似的，尾巴细长，背面有极尖锐的刺，表皮韧滑没有一点鳞，骨骼也很软。它游泳时就用胸鳍张开向前，常常喜伏在海底。因为它的背部体色和泥沙相似，其他动物往往辨认不清，魟就乘它们在身边经过时，突然跳起来把它们压倒在身下，等它们奄奄一息时吞吃。如果动物躲避得快，魟就用尾巴上的刺追上去袭击。它的锐刺也用于抵御较大动物的侵犯，所以它真是能压能刺、攻守兼备的怪鱼。魟的种类很多，有黄绍鱼、铁魟、燕魟等等。此外，还有一种电魟，扁阔圆形，口和鳃孔都在头的下面，尾巴粗短，形状像水雷。颊部两旁在鳃和胸鳍中间，有一种肌肉构成的圆形器官，里面藏着神经梢，可以发电。当它受到其他动物追袭时，就放电来抵御，也可以用来寻找食物。魟所发的电力很强，触到了会使人全身麻痹，历久不散，真是凶恶的怪物。有些魟类可以吃，它的肝脏很大，可以熬油。有些魟类是胎生的，形状都很奇怪。

## 恐怖的深海狼鱼

凡是目睹过太平洋狼鱼的人都会被它那可怖的面貌吓得丧魂落魄。也许正因为如此，这种面丑心善的深海动物总是设法回避人类，不轻易让人发觉。它们主要生活在海洋几百米下冰凉的深处。加拿大潜水员玛克德尼耶尔携带相机多次潜入海底，累计起来时间长达2500个小时，只有一次碰上了狼鱼。他回忆当时遇到狼鱼的情形，写道："灰色的皱巴巴鱼首，仿佛完全溃疡的鼻子，就像是一粒腐烂的橙子。上下两片又宽又大的嘴唇横裂开来，占据整个鼻部。嘴巴生长着一排尖硬的牙齿，那深不可测的口就像要把人一口吞下。我在不列颠哥伦比亚的太平洋海岸下遇到这种丑八怪。那时，我处于20米深的海底，正沿着宽阔的石岩斜坡往下滑，观察到因水的浸蚀在岩壁上形成无数个洞穴，冷不防从一个洞穴里跳出一个怪物，它就出现在我的深水镜前。"

表面上这种鱼与海鳝、海鳗有许多相似的地方，但它属于鲇鱼的一种。最典型的要算是大西洋的灰色狼鱼，被称为"花鳅"，在酒桌上它是美味佳肴。不过公平地说，太平洋的狼鱼就其味道来讲更胜过大西洋的狼鱼，因而很受渔民的重视。据渔民反映，这种鱼十分贪食，而且经常危害人的生命。其实，这是一种误解，像雨果小说《巴黎圣母院》中的敲钟人卡西摩

**狼　鱼**

多一样，貌丑心不凶残，而狼鱼给渔民留下坏印象，也是因为它的面容太丑陋。

在它口里那可怕的犬齿以及后面更强硬的臼齿，并不是用来对付人类的，甚至也不是对付一般小鱼的，它的捕获物仅仅是海胆、海星、海虾、大鳌虾、软体动物和腹足纲动物。在捕食时，狼鱼把那些不易吸收消化的残渣从口中吐出，堆砌在所居住的海底洞前，科学家就是根据这些被堆集的"沉渣"而找到狼鱼的。

在雄性狼鱼头部布满的累累伤痕，是它们在"情场"上角斗时留下的。为了争夺配偶，雄狼鱼用头部顽强碰击"情敌"，用牙齿死死咬住对方不放。每条雄性狼鱼一生只经受一次这样的战斗。当战斗结束，获胜的一方夺得了"妻子"之后，便终生守护着它白头到老。

狼鱼是晚上觅食，白天休息的一种鱼。到黄昏后便开始出去搜集食物，而第二天黎明时分，它们就返回洞穴。白天它们在洞穴里过着闲逸平静的生活。

一般雌性狼鱼的身材较雄的小，嘴唇和下巴突出的部分也不太大。此外，眼睛周围不像雄性那样臃肿，皮肤的颜色却比雄的更灰暗些。

遗憾的是，目前科学家对狼鱼的生殖情况知之不多，因为只有在寒冷季节，它们才进行交配。这个时节，海洋风大浪高，没有一个潜水员敢于下海。但是在温哥华，生物学家却可以通过鱼缸观察狼鱼交配的整个过程。

雌性狼鱼是在深海洞穴里产卵。当产出豌豆大小的受精卵（约1万粒）时，雌性狼鱼把卵聚集一块形成一个圆团。此后的4个月内，守护着寸步不离。雌的绕着圆团躺着，小心翼翼地晃动身子以调节周围的海水。有时还会将死卵吞食下去或排除掉。而雄性狼鱼，则蜷伏在自己"伴侣"附近，警惕地守卫在洞穴的入口处，随时准备击退它的入侵者。

幼鱼从卵里孵出，就脱离"父母"过着自食其力的生活。在前4个月内，它们喜欢浮到海面玩耍，以浮游生物为食，不过，它们之中也常常被众多的敌手吞食，能活到成年的也只有几百条。

幼鱼长到35厘米，皮肤呈现橙褐色，这时便纷纷沉到海底。在海底，它们过着漂泊不定的生活，直至找到终生伴侣，又开始新的一代繁衍生活。

## 海中之狮

海狮是鳍脚目、海狮科的动物。雄性颈部像狮子那样有鬣毛，吼声如狮，面部也有些像狮子，海狮之名因此而得。

北海狮是海狮科中最大的一种。海狮另有名"北太平洋海狮"、"斯氏海狮"，有些海狮种，颈部只生几寸长的毛，又叫"海驴"。海狮主要有产于北美加利福尼亚州沿岸的加州海狮，另有产于日本北部沿岸的"日本海狮"，南美产的"南美海狮"等等。

海　狮

海狮雌雄之间大小相差很大，各物种之间也有差别。如加州海狮雄性体长2.10米，重达300千克左右，北海狮体长3.50～3.80米，重700～1000千克；雌性加州海狮体长1.50米，只有50～60千克重，雌性北海狮只有200～250千克重。它们有粗壮、长纺缍形的身子；头圆，眼略大，吻短，有圆锥形的尖小的耳壳，颈部较长，雄兽在成长时颈部出现鬃状长毛，嘴边有不少胡须，胡须的基部布满着神经，有很强的触觉作用，类似回声定位系统，且能感觉到外界传来的声音，并能在7.6米的水下分辨出两个相似的目标，其精确程度达正负4厘米；它四肢裸露，前肢长于后肢，肢呈船浆形，肢长约为身体的1/4。前肢的第一肢最长，依次变短，有退化相当发达的爪。

后肢比前肢发达，能自脚踝处朝前变曲，在陆地上用做支持笨重的身躯像狗那样蹲在地上，并在陆地上爬行运动，跳跃趾间有皮膜联系，外形像鳍，所以叫"鳍足目"。

海狮和鲸一样都不能在陆地上奔跑、行走，但从它退化了的四肢来看，说明它们很早以前曾经奔跑在陆地上，后来由于长期在海里生活，发展了适应在水中生活的器官特征，但又不同于鲸那样完全在水中生活，毕竟还有一部分时间要在陆上生活，可以称做水陆两栖的兽类。海狮的这些特征与陆地的食肉类动物很接近，这两种动物可能有共同的祖先。

海狮在海中适应的特点：一是海狮身体呈流线型；二是体毛缩短或退化，以上都是对阻力比陆地大的水生环境很好的适应；三是海狮有较大的体形，有助于减少散热的面积，在水中比空气中传热快，较能维持海狮体温的衡定，节约能量，同时它还有厚厚的脂肪层，可以绝热保暖。另外它的四肢缩短、退化成为鳍状，有利于像鱼那样灵活地在水中划水运动。

海狮虽然有时上陆，但海洋才是它真正的活动地，因为只有在海中才能捕到食物，避开陆上的凶猛"敌人"，因此，海狮大部分时间都在海里活动，无非是捕食。它吃各种鱼类和乌贼、贝壳类、海蟹等物。它的食量很大，饲养条件下的北海狮一天至少要喂鱼30～40千克，它可一口吞下1.5千克的大鱼，如果在自然条件下的食量至少要增加2～3倍。

海狮性情很谨慎，它虽然视觉欠佳，但听觉、嗅觉十分灵敏，经常爬到岸上休息、晒太阳，爬上数丈高的滩坡，晚上在岸上睡觉。人们一靠近它们，立刻就会跳入海中，而且一群海狮的行动较为一致，若听到枪声一响，整个群体都逃到海里去了，反应十分灵敏；但有时会靠近渔船边大声吼叫，威吓船上的人。一旦察知有危险，它会迅速远离逃命，因此很难捕捉到它。就是在岸上活动时海狮也非常机警，一有风吹草动，纷纷跳入海中，在陆上睡眠时，也不放松警惕，总要留 1~2 头海狮醒着担任警戒，一旦发现危险，立即发出信号告知同伴赶紧逃避。

海狮除在繁殖期内各处游荡，并无固定住所。成熟的海狮陆续到了繁殖处所。雄海狮先来繁殖处，各自抢占一块地盘迎接到来的雌海狮，每头雄海狮占有 10~15 头雌海狮，组成繁殖群，雌海狮来到雄性领地后一两天，迅速产下去年怀下的"孩子"。分娩后，即可接受雄海狮的交配，一只雄海狮每天可交配多达 30 次。雄海狮间为了争夺领地和对象，相互斗争厮打，这对象并不只是一个，而是妻妾成群的。它们用自己的尖利牙齿啃咬对手，鲜血顺着头和脖子流到地上，失败者退出领地。这时雄海狮不吃不喝，坚守着领地，不肯离开一步，一直要等到成熟的雌性来临，然后逐个与"妻妾"交配，任务完毕即入海捕食去了。雌海狮怀孕后，她的妊娠期是 11~12 个月，怀孕后 10 个月胚泡才埋入子宫黏膜，一胎一仔，偶尔有双胞胎，出生后的小海狮体长 1 米左右，约 20 千克，天生不会游泳，而且不敢下水；初生的小海狮体有厚密的绒毛，立刻能睁开眼睛活动。它总是跟着母兽一起，母兽哺乳次数不多，通常 1~2 天才喂一次奶，但乳汁很浓，含脂肪 52%，所以小海狮所得到的营养十分充足，生长很快。雌海狮产仔后 5 天即下海觅食，一则维持自身生存，二则可有充足乳汁以喂"仔兽"，"母亲"下海觅食有时 2 天回来，有时好几天才回来，她觅食归来到陆地时，必连声高叫，她的"仔兽"闻声应答，并向"母亲"叫声处移动，闻到气息相互靠近，开始喂奶，但母兽从不喂其他仔兽。海狮的雄性出生后 1 年，雌性出生后 3 年才到达性成熟期。它们繁殖场所在白令海的普利比洛夫群岛、康曼多群岛、阿留申群岛、阿拉斯加湾、堪察加沿岸等岛屿。

虽然各种海狮的皮毛较短，可不能说它没有经济价值，其中未成年的小海狮的皮毛特别好，所以小海狮往往为捕猎对象，现在越来越少了；海狮的肉可食，脂肪能炼油；动物馆和杂技团利用海狮的平衡器官特别发达，训练它们表演鼻子上顶球，技艺可称一绝，训练加州海狮用下颌顶东西，海狮还会用后肢站立起来，用前肢倒立着行走，甚至跳跃跨越水面上 1.5 米高的绳索；海军训练海狮代替潜水员去打捞海底遗物，进行水下军事侦探和海底救生，还训练它在海底打捞火箭和深水炸弹等。

海狮经常给海上渔业带来危害，它钻入渔网把网咬得稀烂，将网内鱼群吃掉，真是"饕餮之徒"，渔民气愤地称它们为"现代渔盗"。据日本统计，仅 1956~1960 年在日本沿海被海狮破坏的渔具和鱼的资源就损失 3.3 亿美元。

## 长着獠牙的海兽

海象是海洋中的哺乳动物，到目前全世界有 15 万头左右。一般海象的平均体长为 3~5 米，体重约 700~800 千克。但世界海洋史的资料记载，最大的海象长达 20 米，体重 1500 千克，这是很罕见的。

海象的外貌异常丑陋，那长长的獠牙、充血闪光的眼睛，上唇的厚肉垫上长满粗硬密麻的 10 厘米长的胡须，约有 400 根，特别是那对 0.3~0.9 米长的粗长獠牙，最令人害怕。它在浮冰上走路或者从水中爬上冰块也是靠这对獠牙，它把庞大身躯的 1/2 移到冰上，再把牙齿插到冰块里，然后紧缩颈部的肌肉将身体向前缓缓移动，最后在冰块上站定。海象上岸就利用两只前鳍脚行走，这是为了防止它的獠牙受到伤害。

由于海象是哺乳动物，周身有毛皮的痕迹，小海象的毛皮呈黑绿色，成年的雌海象的毛皮为褐色，雄海象为红褐色或粉红色。随着年岁的增长，皮毛的色泽渐渐变浅，失去原有的光泽，显得异常粗糙，仿佛枯干的树皮。

海象一般生活在产有软体动物的浅滩海域，喜欢几十、几百只群居在一起。为了捕食能潜入 70~100 米左右的深水区，滞留时间不超过半小时，就得浮出水面，爬上冰块休息。有的壮年海象能够长时间在海中游动，将头部和胸部露出水面仰泳。有时依靠食道底部的气囊在水面站立行走。每年秋季浅滩开始结有厚厚的冰层，海象就得迁往远处的广阔水域生活。

海　象

　　每年4～5月，海象在水中进行交配或养育，一般交配1～2年一次。经过长达1年的妊娠期，分娩总是极快而顺当，小海象出生后由母象带着下水，半个月后就会适应水中生活。

　　在北美洲白令海南面有一座高约300米的岩石岛，是海象的群栖场所。20世纪80年代的海洋生物学家曾组成一个乐队前往那里考察海象的生活。一天早晨发现大群海象正在浮冰上休息戏耍，也有跃入水中觅食的。但奇妙的情景发生了，忽然从水中发出一种清脆的敲击声，生物学家的成员立即将水下测听器放到海里，传来的却是一种合奏的啸叫声，随着声浪看到有一头巨大的公海象从水下钻了出来，它霹出水面待了约1分钟，又潜入水中，隔一会又探出头来，这样反复多次。经过测听器测到的是，当公海象潜入水中就会发出一种节奏分明、交替循环、抑扬顿挫的优美旋律。大家感到奇怪，后来把录音增速10倍播放时，这公海象的优美旋律的音调像鸟儿清脆鸣叫的歌唱，非常动听。他们断定公海象所唱的是寻求配偶的情歌，因为那时正值海象交配繁殖的季节。

　　20世纪90年代初，这支乐队再次来到岩石岛，由几位乐队队员兴致勃勃地齐声拉琴，那嘹亮的琴声仅仅几分钟，奇迹出现了，三四头海象顺着琴声爬上岸伏在岩石滩上晒太阳，静静地躺着侧起耳朵听琴声，当全体乐师演奏了交响音乐、文艺复兴时代音乐、非洲音乐等多种乐曲后，随着琴声的传播，海象越聚越多，约有四五十头，甚至也能听到有几头海象的嘴里也发出低沉的哼唱声。演奏结束，海象又跃入海中。这次成功的演奏，给海洋生物学家们研究海象的生活提供了新的思路。

## 极地海兽

两极地区，由于严寒的气候制约着动植物的生长或生活，动植物无论在种类上，还是在数量上，都比水热条件结合得比较好的中低纬度地区要少得多。两极在生物种类上并不完全相同，如北极有著名的北极熊，而南极没有熊类；南极有大量的企鹅、磷虾，而北极却没有企鹅和磷虾。两极附近生物的共同之处是：其动植物都有极强的耐寒能力，动物有厚厚的皮下脂肪保护。大多数生物种类都集中于沿海较温暖的地带，且随季节兴衰或迁徙。从整个地球来看，海洋生物分布的一个显著特点是：海洋哺乳动物（也称为海兽）在海洋中分布非常广泛，但以两极沿海地带最为集中，在数量上和种类上都极为可观。这是值得我们去认真探究的一个问题。

海兽是前肢特化为鳍状、体温恒定、胎生哺乳、用肺进行呼吸的海洋动物。主要包括 3 大类：一是鲸目，如灰鲸、蓝鲸、抹香鲸、虎鲸、海豚等。二是海牛目，如海牛、儒艮等。三是鳍脚目，如海狮、海象、海豹、海狗等。前两目都是全水栖的动物，后一目是半水栖的动物。此外，海獭也属于海兽类动物；北极熊比较特殊，既属于陆地哺乳动物，也可算是海洋哺乳动物。

为什么海兽在极地沿海尤为集中？海洋学家们认为主要有 3 个方面的原因：

首先是极地严寒的气候使海兽难以在陆上长时间生存，用肺呼吸空气又使鳍脚目海兽难以远离海岸，进退不得。由于海水具有巨大的热容量，海水温度相对陆上气温要稳定得多，还有暖流的增温作用，使极地沿海环境适宜海洋生物包括海兽的生活。

奇妙的海底世界

其次是极地陆上缺乏足够的食物，特别是漫长的冬季，极地到处是冰雪世界，动物在陆地上几乎没有办法找到食物。而在极地沿海或近海区域，在洋流的搅拌作用和极地东风的吹拂作用下，沿海海底的养分上翻，海水里有较

悠闲的海獭

多营养物质，为海生生物的生长提供了饵料，也为海兽提供了足够的食物资源。

再次是极地的自然环境成为人类活动的自然障碍，间接地保护了极地海兽，使它们免遭人类的屠杀，而得以在那里自由地繁衍生息。事实上人类是地球上所有生物的最大敌人。如海兽中较为笨拙的海牛就是由于人类的滥捕而濒临灭绝的。一些鲸类也正面临着灭绝的威胁！

海兽是海洋动物中最高级，也是最大型的，体形大有利于提高它们的御寒能力和活动能力，但也要较多地消耗体内的能量，因此，它们需要有充足的食物来补充能量。我们知道，极地海洋的低水温是不利于生物生长的，生物的生长速度很慢，生产率较低，为什么较低的生产率却能支撑如此多的极地高等生物——海兽生存和繁衍所需食物的需求量呢？这主要是因为极地海域的生物链比较短而且简单，一般只有二三级，不像热带区域的生物那样构成复杂的网状关系，生物链可达 5~6 级。如南极的鲸和海豹等直接以低等的磷虾作为食物，通过减少食物链中的中间环节，有效地降低了能量在食物链传递过程中的损失。这对我们人类是有启示作用的：人类的食物应当尽可能来自远离人类的低等生物，这不仅可以通过减少食物链中的中间环节来减少能量损失，而且一方面使人类获得丰富的食物，另一方面又减轻自然的压力，形成人与自然的和谐统一。

根据进化论的观点，地球上最初的生命是由非生命物质进化而来的。现代生存的各种生物都有共同的祖先。在进化过程中，生物种类和数量由少到多，生物结构和功能由低级到高级，由简单到复杂，由海生到陆生，生物由原核生物到真核生物、多细胞动物、无脊椎动物、脊椎动物……一步步向前进化。

生物成功地登上陆地生活大致发生在寒武纪以后。生物登陆以后，由两栖类逐渐进化到哺乳动物。因此，哺乳动物都是属于高级动物。现在一般认为，海洋哺乳动物是哺乳动物的一部分，由于某种原因又重新回到海洋，所以说海洋哺乳动物都是从陆上重新返回海洋的。但是，如果按照这一观点，极地的环境条件与海兽集中的事实就存在一定的矛盾：如果认为极地海兽都是从陆上重新回海洋的，那么，海兽在重返海洋之前作为陆兽生活在极地，这些海兽的祖先如何能在极地严酷的环境中生存呢？如果认为它们是从较低纬度迁移过来的，为什么会集中于自然条件相对较差的极地？南极大陆作为一个"孤悬"的大陆，海兽的祖先显然无法通过波澜壮阔的南大洋。由此看来，以上观点难以自圆其说。有的科学家认为：海兽很有可能一直生活在近海甚至深海中，至少它们中的一部分从来就没有离开过海洋！

有关极地海兽的研究还比较少，但它们的研究价值和经济价值正引起人们的关注。如科学家们发现，因纽特人长年以海鱼为生，肥壮的海兽是他们的普通食物，他们平时也很少吃青菜类食物，但却很少得癌症等疾病。有人还发现，海兽体内某些活性固醇类天然化合物可抑制癌细胞生长，因而对血癌、肺癌、直肠癌等有疗效。另一方面，由于海兽可做多种食物和用途，有较高的经济价值，加上当今远洋捕捞技术的提高，一些国家和商业机构不顾全世界反对的呼声，大规模地猎杀海兽。由于极地海兽繁殖和生长速度都很慢，它们面临着严重的威胁，有些品种可能在很短的时间内就被猎杀灭绝。因此，积极保护和加紧研究极地海兽是全人类迫切的任务。

# 不动也能捕食的海星

人们一般都会认为鲨鱼是海洋中凶残的食肉动物。而有谁能想到栖息于海底沙地或礁石上，平时一动不动的海星，却也是食肉动物呢！由于海星的活动不能像鲨鱼那般灵活、迅猛，故而，它的主要捕食对象是一些行动较迟缓的海洋动物，如贝类、海胆、螃蟹和海葵等。它捕食时常采取缓慢迂回的策略，慢慢接近猎物，用腕上的管足捉住猎物并将整个身体包住它，将胃袋从口中吐出、利用消化酶让猎物在其体外溶解并被其吸收。

我们已知海星是海洋食物链中不可缺少的一个环节。它的捕食起着保持生物群平衡的作用，如在美国西海岸有一种文棘海星，时常捕食密密麻麻地依附于礁石上的海虹。这样便可以防止海虹的过量繁殖，避免海虹侵犯其他生物的领地，以达到保持生物群平衡的作用。在全世界有大约 2000 种海星分布于从海间带到海底的广阔领域。其中以从阿拉斯加到加利福尼亚的东北部太平洋水域分布的种类最多。

海星与海参、海胆同属棘皮动物。它们通常有 5 个腕，在这些腕下侧并排长有 4 列密密的管足。用管足既能捕获猎物，又能让自己攀附岩礁，大个的海星有好几千管足。海星的嘴在其身体下侧中部，可与海星爬过的物体表面直接接触。海星的体形大小不一，小到 2.5 厘米、大到 90 厘米，体色也不尽相同，几乎每只都有差别，最多的颜色有橘黄色、红色、紫色、黄色和青色等。

海 星

在自然界的食物链中，捕食者与被捕食者之间常常展开生与死的较量。为了逃脱海星的捕食，被捕食动物几乎都能做出逃避反应。有一种大海参，每当海星触碰到它时，它便会猛烈地在水中翻滚，趁还未被海星牢牢抓住时逃之夭夭。扇贝躲避海星的技巧也较独特，当海星靠近它时扇贝便会一张一合地迅速游走。有种小海葵每当海星接近它时，它便从攀附的礁石上脱离，随波逐流，漂流到安全之地。这些动物的逃避能力是从长期进化中产生的，避免了被大自然所淘汰的命运。

尽管海星是一种凶残的捕食者，但是它们对自己的后代都温柔之至。海星产卵后常竖立起自己的腕，形成一个保护伞，让卵在内孵化，以免被其他动物捕食。孵化出的幼体随海水四外漂流以浮游生物为食，最后成长为海星。

海星的食物是贝类。当海星想吃贻贝时，会先用有力的吸盘将贝壳打开，然后将胃由嘴里伸出来，吃掉贻贝的身体。所以，海星的经济价值并不大，只能晒干制粉作农肥。由于它捕食贝类，故而对贝类养殖业十分有害。

## 娇美的人字蝶和小丑鱼

人字蝶分布于印度洋及太平洋珊瑚礁海域，肉食性，可喂以动物、甲壳类饵料以及人工饲料，适合于水温26℃，海水比重1.022，水量200升以上的水族箱，最大体长可达19厘米。

蝶鱼和小丑鱼其实是热带海洋观赏鱼的主角，因为它们拥有美艳的体色，娇美的轮廓，蝶鱼两侧扁平椭圆的体型，再加上既尖又小的嘴巴，正符合其天然处所环境——珊瑚礁，它们利用身体扁平细瘦的特征，穿梭于珊瑚礁岩缝中，而身上的花纹恰好作为掩饰，保护自己。许多蝶鱼尾部有一似眼的黑圆斑点，那是它们用来诱骗攻击者的假眼，作用在于让攻击者错误地攻击其背鳍，以保护自己。蝶鱼的地域性不是很强，虽有时争斗，但并不会经常发生。食性以藻类、海绵、珊瑚为主，有些品种也可会吃一些小动物类及浮游生物。

在野外，蝶鱼主要取食藻类、海葵及珊瑚虫。在水族箱中可以喂食大部分的动物性饵料及藻类。

小丑鱼是属于鲈形目雀鲷科海葵亚科的鱼类，在成熟的过程中有性转变的现象，在族群中雌性为优势种。在产

小丑鱼

卵期，公鱼和母鱼有护巢、护卵的领域行为。其卵的一端会有细丝固定在石块上，一星期左右孵化。因为脸上都有一条或两条白色条纹，好似京剧中的丑角，所以俗称"小丑鱼"。

小丑鱼喜群体生活，几十尾鱼儿组成了一个大家族，其中也分"长幼"、"尊卑"。如果有的小鱼犯了错误，就会被其他鱼儿冷落；如果有的鱼受了伤，大家会一同照顾它。可爱的小丑鱼就这样互亲互爱，自由自在地生活在一起。但是自然生活中却时时面临着危险，小丑鱼就因为那艳丽的体色，常给它惹来杀身之祸。小丑鱼最喜欢和海葵生活在一起了，虽然海葵有会分泌毒液的触手，但小丑鱼身体表面拥有特殊的体表黏液，可保护它不受海葵的影响而安全自在地生活于其间。

小丑鱼身材娇小，却全然不惧怕海葵那些有毒的触手，怡然自得地在这片"丛林"中进进出出。一遇到危险，他们就会立即躲进海葵的保护伞下。一般的珊瑚礁鱼类都有过被海葵蜇刺的经历，那些美丽的触手就是它们恐怖的回忆，看到海葵，往往避之唯恐不及，因此没多少生物会冒着生命的危险到这里来挑衅。但是，海葵的毒刺也不是天下无敌的，蝶鱼就是它们命中的克星，专门把这些软体动物当做美味的点心。每当这种时候，小丑鱼就会挺身而出，保护海葵的安全，对蝶鱼展开猛烈的攻击。虽然体

形大上数倍，面对作风强悍的小丑鱼，蝶鱼还是会被打得落荒而逃。平时，小丑鱼会拣食海葵吃剩的饵料，同时它们也负起清洁打扫之职，为"房东"海葵除去泥土、其他杂物和寄生虫。

## 海底生物的"祖母"

水母身体外形像一把透明伞，伞状体直径有大有小，大水母的伞状体直径可达 2 米。从伞状体边缘长出一些须状条带，这种条带叫触手，触手有的可长达 20～30 米，相当于一条大鲸的长度。浮动在水中的水母，向四周伸出长长的触手，有些水母的伞状体还带有各色花纹。在蓝色的海洋里，这些游动着的色彩各异的水母显得十分美丽。水母的出现比恐龙还早，可追溯到 6.5 亿年前。水母的种类很多，全世界大约有 250 种，直径10～100厘米，常见于各地的海洋中。我国常见的约有 8 种，即海月水母、白色霞水母、海蜇、口冠海蜇等。人们往往根据它们的伞状体的不同来分类：有的伞状体发银光，叫银水母；有的伞状体则像和尚的帽子，就叫僧帽水母；有的伞状体仿佛船上的白帆，叫帆水母；有的宛如雨伞，叫做雨伞水母；有的伞状体上闪耀着彩霞的光芒，叫做霞水母……它们的寿命大多只有几个星期，也有活到一年左右，有些深海的水母可活得更长些。普通水母的伞状体不很大，只有 20～30 厘米长，但体形较大的霞水母的巨伞直径可达2 米，下垂的触手长达 20～30 米。1865 年，在美国马萨诸塞州海岸，有一只霞水母被海浪冲上了岸，它的伞部直径为 2.28 米，触手长 36 米。把这个水母的触手拉开，从一条触手尖端到另一条触手的尖端，竟有 74 米长。因此，可以说霞水母是世界上最长的动物了。

水母身体的主要成分是水，并由内外两胚层所组成，两层间有一个很厚的中胶层，不但透明，而且有漂浮作用。它们在运动之时，利用体内喷水反射前进，远远望去，就好像一顶圆伞在水中迅速漂游。当水母在海上成群出没的时候，紧密地生活在一起，像一个整体似的深浮在海面上，显得十分壮观。海涛如雪，蔚蓝的海面点缀着许多优美的伞状体，闪耀着微弱的淡绿色或蓝紫色光芒，有的还带有彩虹般的光晕。许多水母都能发光。细长的触手向四周伸展开来，跟着一起漂动，色彩和游泳姿态美丽极了。水母的伞状体内有一种特别的腺，可以发出一氧化碳，使伞状体膨胀。而当水母遇到敌害或者在遇到大风暴的时候，就会自动将气放掉，沉入海底。海面平静后，它只需几分钟就可以生产出气体让自己膨胀并漂浮起来。栉水母在海中游动时，8 条子午管可以发射出蓝色的光，发光时栉水母就变成了一个光彩夺目的彩球；带水母

水 母

的周围和中间部分，分布着几条平行的光带，当它游动的时候，光带随波摇曳，非常优美。水母发光靠的是一种叫埃奎明的奇妙的蛋白质，这种蛋白质和钙离子相混合的时候，就会发出强蓝光来。埃奎明的量在水母体内越多，发的光就越强，每只水母平均只含有 50 微克的这种物质。

水母触手中间的细柄上有一个小球，里面有一粒小小的听石，这是水母的"耳朵"。由海浪和空气摩擦而产生的次声波冲击听石，刺激着周围的神经感受器，使水母在风暴来临之前的十几个小时就能够得到信息，于是，它们就好象是接到了命令似的，从海面一下子全部消失了。科学家们曾经模拟水母的声波发送器官做试验，结果发现能在 15 小时之前测知海洋风暴的信息。

水母虽然是低等的腔肠动物，却三代同堂，令人羡慕。水母生出小水母。小水母虽能独立生存，但亲子之间似乎感情深厚，不忍分离，因此小水母都依附在水母身体上。不久之后，小水母生出孙子辈的水母，依然紧密联系在一起。

有趣的海洋生物

# 有气囊的马尾藻

马尾藻是褐藻的一属。藻体分固着器、茎、叶和气囊4部分。茎略呈三棱形，叶子多为披针形。其生近海中，可做饲料，又可用来制褐藻胶和绿肥。藻多大型，多年生，可区分为固着器、主干、分枝和藻叶几部分。固着器有盘状、圆锥状、假根状等。主干圆柱状，长短不一，向四周辐射分枝；分枝扁平或圆柱形。藻叶扁平，多数具有毛窝。具气囊，单生，圆形、倒卵形或长圆形。雌雄同托或不同托、同株或异株。生殖托扁平，圆锥形或纺锤形。马尾藻现有250种，大多数为暖水性种类，广泛分布于暖水和温水海域，特别是印度、西太平洋和澳大利亚。我国是马尾藻主要产地之一，有60种；盛产于广东、广西沿海，尤其是海南岛、洲岛和涠洲岛；生长在低潮带石沼中或潮下带2～3米水深处的岩石上。我国常见的有海蒿子、海黍子、鼠尾藻、匍枝马尾藻等。本属的种类是提取褐藻胶等重要的工业原料，羊栖菜可药用和食用。

## 用歌声吸引异性的豹蟾鱼

在美国音乐剧《西区故事》中，托尼用情歌向玛丽亚表达爱意。事实上，他们在家中饲养的豹蟾鱼也会用歌声吸引异性。当然，说它们唱歌未免有点夸张，其实更像哼曲子。但是，这对科学家和豹蟾鱼来说都非常有用。

探索它们发出声音的奥秘有助于科学家研究包括人类在内的其他动物最早发声进化的情况。研究人员发现，许多动物用声音交流，例如鸟的喳喳声、青蛙的低哼声和鲸的口哨声等。通过比较各种各样脊椎动物的神经网络，他们发现发声起源于远古鱼类。

此项研究的负责人、康奈尔大学的巴斯是神经生物学和行为学教授，他说："鲸和海豚的声音众所周知，但许多人并不知道鱼也能发声。""并不是说鱼能讲一种语言，或是有更发达的大脑。但是，它们脑中的一些神经网络和神经细胞都很古老。"

豹蟾鱼

他指出，致使发声的整个神经系统起源于亿万年前的鱼类。巴斯研究了豹蟾鱼幼虫的后脑，结果发现它们成长时制造了多种声音。他说："它并不像你从哺乳动物和鸟那里听到的声音那样复杂，只是一种最简单的交流声音，但是产生声音的神经系统却是鱼中最容易进行研究的。"巴斯的研究小组发现了两种主要声音，一种是哼曲声，雄性用它吸引异性来到它们的巢穴。他说，这种声音就像蜜蜂的嗡嗡声或发动机发出的声音。第二种是带有威胁性的声音，更像是为了保护巢穴领地所发出的咆哮声。

一些科学家认为，由于探索了最古老的发声起源和最现代的进化情况，所以这项有关发声进化的研究很有意义。

## 能吃小恐龙的魔蟾

欧美科学家在非洲发现了史前巨型蟾蜍化石，他们相信这种巨蟾同保龄球一般大小，是世上体形最大的蛙类。由此判断，此类巨蟾性情凶残，它们甚至可能吃下刚出生的小恐龙。

在非洲马达加斯加岛西北部发现的这种巨蟾，存在于 6500 万～7000 万年前，身长 41 厘米，重约 4.5 千克，有一张大嘴、强而有力的下颚和一副锐利的牙齿；此外，它可能有角。科学家给它拼凑了一个名字——盾状魔。

纽约州斯托尼布鲁克大学古生物学家克劳斯是发现者之一。他说，魔蟾体形比现存蛙类更大，可能是地球曾出现的最大蛙类。"它们捕食蜥蜴、哺乳动物和较小的青蛙，并非不可能；它们甚至捕食刚孵化的小恐龙。"他指出，现今最大的蛙类是西非的一种巨蛙，它长 32 厘米、重 3.3 千克。

科学家们推测，魔蟾与目前在南美洲的一组蛙类有密切关系。他们表示，在马达加斯加岛出现的魔蟾，以及它们在南美洲的现代亲属，是马达加斯加岛可能一度与南极洲和南美洲有陆桥连接的最新证据。

## 海底横行的虎鲸

虎鲸也属于齿鲸类。它体长近 10 米，重 7 ~ 8 吨，雌的略小一些，也有 6 ~ 8 米。

虎鲸胆大而狡猾，且残暴贪食，是辽阔海洋里"横行不法的暴徒"。虎鲸的英文名称有"杀鲸凶手"之意。不少人在海上屡屡目睹虎鲸袭击海豚、海狮以及大型鲸类的惊心动魄的情景。

虎鲸的口很大，上、下颌各有二十几枚 10 ~ 13 厘米长的锐利牙齿，大嘴一张，尖齿毕露，更显出一副凶神恶煞的样子。牙齿朝内后方弯曲，上下颌齿互相交错搭配，与人的两手手指交叉搭在一起的形式相似。这不仅使被擒之物难逃虎口，而且会撕裂、切割猎物。虎鲸很好辨认。在它的眼后方有两个卵形的大白斑，远远看去，宛如两只大眼睛；其体侧还有一块向背后方向突出的白色区域，使它独具一格。

虎鲸身体强壮，行动敏捷，游泳迅速，每小时可达 30 海里。游泳时，雄鲸高达 1.8 米的背鳍突出于水面上，颇与一种古代武器——"戟"倒竖于海面的形状相似，虎鲸因此而另有"逆戟鲸"的别名。

## 头重尾轻的潜水冠军

抹香鲸头重尾轻，宛如一头巨大的蝌蚪，头部占去全身的 1/3，看上去像个大箱子。鼻孔也很特殊，只有左鼻孔畅通，且位于左前上方；右鼻孔堵塞。所以，它呼气时喷出的雾柱是以 45 度角向左前方喷出的。虽然抹香鲸的牙齿很大，足有 20 多厘米长，每侧有 40 ~ 50 枚，却是只有下颌有牙齿，而上颌只有被下颌牙齿"刺出"的一个个的洞。不过，抹香鲸习性与蓝鲸截然不同，它是非常厉害的，猎物一旦被它咬住就难以脱身。它最喜欢吃的食物是深海大王乌贼，因此"练就"了一身潜水的好功夫。

在所有鲸类中，以抹香鲸的潜水为最深，可达 2200 米。抹香鲸的经济价值很高，巨大的"头箱"中盛有一种特殊的鲸蜡油，过去人们误以为是脑子里流出来的，所以叫它"脑油"，其实"脑油"与脑无关。这是一种用处很大的润滑油，许多精密仪器，如手表、天文钟甚至火箭，都离不了它，一头大的抹香鲸的头部可以装 1 吨这样的油。著名的龙涎香就是这种鲸肠道里的异物，这是一种极好的保香剂，抹香鲸的名字也是由此而来的。

## 海豚智力测验

提起海豚，人们都听说它拥有超常的智慧和能力。在水族馆里，海豚能够按照训练师的指示，表演各种美妙的跳跃动作，似乎能了解人类所传递的信息，并采取行动，人们不禁惊叹这美丽的海洋动物如此的聪明。那么，海豚的智慧和能力究竟高到什么程度？它们和人类之间的相互沟通有没有日益增进的可能？这里从海豚脑部的构造及生态特性入手，对它的智力进行一番探讨。

海　豚

海豚能做出各种难度较高的杂技动作，显然是一种相当聪明的海中动物。但是海豚实际上的智力情况如何呢？心理学上，"智力"一词大致包含三种意义：一是对于各种不同状况的适应能力；二是由以往经验获取教训的学习能力；三是利用语言或符号等象征性事物从事"抽象思考的能力"。根据观察野生海豚的行为，以及海豚表演杂技时与人类沟通的情形推测，海豚的适应能力及学习能力都很强；但目前尚无法证明海豚运用语言或符号进行抽象式的思考能力。不过即使没有科学上的确凿证据，也不能就此认为海豚没有抽象思考能力。

倘若海豚真的具有抽象思考能力，那么它究竟是如何运用这种能力的？而其程度又是如何？这些都是人们饶有兴趣的问题。但现在，想找出这些问题的答案并不容易，因为即使是人类所拥有的智慧，也还有许多未知之处。

虽然海豚与人一样都属于哺乳动物，但因生活的环境不同，相互接触的机会不多，故人类对海豚潜在能力的了解是很有限的。那么，人类究竟是采用何种方法来研究并探索海豚的智能呢？目前，大多数都采用下列两种方法：一是根据海豚解剖学上的特征，来推算海豚的潜在能力；二是实际观察野生海豚的行为，并从行为目的与功能方面着手，推测其智力的高低。

从解剖学的角度来看，海豚的胸部非常发达，不但大，而且重。海豚大脑半球上的脑沟纵横交错，形成复杂的皱褶，大脑皮质每单位体积的细胞和神经细胞的数目非常多，神经的分布也相当复杂。例如，大西洋瓶鼻海豚的体重为250千克，而脑部重量约为1500克（而这个值和成年男性的脑重1400克相近），脑重和体重的比值约为0.6，这个值虽然远低于人类的1.93，但却超过大猩猩或猴类等灵长类。

至于海豚大脑半球上有由脑沟所形成的皱褶，根据研究显示，大西洋瓶鼻海豚的皱褶甚至比人类还多，而且更为复杂，它们的大脑皮质表面积为2500平方厘米，是人类的1.5倍。海豚脑部神经细胞的密度与人类或黑猩猩的几乎没有差别。换句话说，海豚脑部神经细胞的数目，比人类或黑猩猩的还要多。因此，无论是从脑重量和体重的比，还是从大脑皮质的皱褶数目来看，大西洋瓶鼻海豚脑部的记忆容量，以及信息处理能力，均与灵长类不相上下。

由于海豚大脑的记忆容量和信息处理能力与灵长类动物不相上下，如果人类能与海豚相互沟通，就应该获得许多有关海洋动物的宝贵资料，并学到不同的表达和思维模式。与海豚一起潜水就会发现，海豚是相当"聒噪"的动物。根据录音调查记录显示，海豚使用频率在 200～350 千赫以上的超声波的喊叫声进行"回音定位"，而人类的听觉范围介于 16～20 千赫之间，人类无法听到海豚回声定位所发出的超声波。因此，我们在水中听到的海豚叫声，可能是海豚同类间互通消息所使用的部分低频声音。

人类要与海豚沟通，先决条件是要了解海豚的语言，这样就必须分析海豚发出的声音与行为的关联性。事实上，只要有适当的录音设备就可能进行海豚声音分析。然而，声音与行为之间的关联却不容易掌握，目前人们还无法确切了解海豚发出的各种声音所包含的含义。

为使人类与海豚沟通，第二种方法是让海豚学习人类的语言。20 多年前，美国海洋大学的专家们就是采用这种方式开发海豚的智能。目前海豚在专家的训练下，已经能从训练人员的手势中，学习并了解单字与复合语句的意义，并能作出适当的反应，但尚无法达到能与人自由交换信息的境界。

不论是研究海豚声音与行为的关联性，还是教导海豚学习人类的语言，以目前的进展来说，距离人类与海豚互相了解、互相沟通的最终目标都还相当的遥远。

母海豚如果不幸小产，为了让没有行动能力的小海豚呼吸，它会拼命地用自己

正在表演的海豚

的吻部把小海豚推向水面，并不断地重复这些动作，甚至停止觅食达两天之久。

据水族馆的人士说，一旦小海豚死去，母海豚会奋不顾身地设法让小海豚复生，但如果持续的时间太久，情形严重时，连母海豚也可以因衰竭而死亡。所以，必须尽快将小海豚的尸体打捞起来，也许这样做会避免母海豚过分伤心，使其恢复体力。不过，工作人员要清除死亡的小海豚并非易事，母海豚会护着小海豚避开船只，与工作人员展开耐力比赛。

母海豚是否知道小海豚已经死亡？还是因为觉得小海豚可冷，而拼命想把小海豚推向水面？抑或只是出于一种动物的本能？也许海豚的确具有某些人类所无法了解的理性，详细情况目前尚不清楚。

古代希腊曾经流传着海豚搭救溺水者的故事：有一次，希腊著名的抒情诗人和音乐家阿莱昂参加由一位意大利富商举办的音乐大赛，结果赢得了巨额奖金。他携带这笔财富乘船返回希腊科林斯，不料途中却引起船员们眼红，欲将他杀害。他临死之前要求再演奏一曲，美妙的音乐引来了一大群海豚，阿莱昂纵身跳入海中，海豚将他负在身上，游至安全的地方，阿莱昂因此脱险。这个故事说明，在古代人类与海豚之间的关系相当良好。那么，海豚与海豚同类之间的情况又是如何呢？

1994 年 6 月，研究人员在太平洋进行海豚生态调查，曾观察到一条不幸被鱼叉击中而呈昏迷状态的海豚，在其附近，游来另一条海豚，并不断地把受伤的同类推向水面，它发出的声音，仿佛在唤醒处于昏迷状态的受伤海豚。

研究人员在调查野生海豚时发现，通常一开始海豚都不愿意靠近人，似乎意识到陌生物体的存在。但当察觉人类并无敌意后，海豚的戒备之心逐渐下降，甚至可近到伸手可及的距离，它们会一边摇动头部，一边观察人。只要其中的一条不经意地逐渐靠近人，其他的海豚也会慢慢地游过来。

意大利南部夏科湾附近，每天都有 10 多条大西洋瓶鼻海豚游向海滩。这些海豚对人类的骚扰似乎并不介意，而且已习惯人类用手给它们食物和鱼饵。因此，即使是野生海豚，若有适当的机会，也会与人类和睦相处。

然而，人类只有摆脱"万物之灵"的成见，置身于海豚的世界，才能发现与海豚的其他沟通方式。

## 鮟鱇鱼的安乐生活

鮟鱇属鱼科，在全球热带和亚热带浅海水域均有分布，且素有"海洋怪物"之称。潜水爱好者以及从事海下摄影的科学家时常与这种诡计多端、食欲贪婪的鱼不期而遇。人们在漆黑海底可以见到色彩斑斓、身披条纹的鮟鱇鱼涌入海藻丛中，只把头顶上那个鲜嫩的蠕虫般的鳍刺显露出来，不停地摇摆，以期诱惑猎物上钩，生活得极为安乐。

由于鮟鱇鱼擅长伪装，难以发觉，更难以识别。它们有的色彩艳丽，有的呈桔黄色和红色条纹，而且大多数鮟鱇鱼可在几分钟内变换体色与周边环境融为一体，所以很难被人发现。

美国华盛顿大学动物学家西奥多·W·皮兹克曾长达15年专门研究遍布世界各地的各种鮟鱇鱼。他发现鮟鱇鱼利用头顶上的鳍刺作为诱饵，有些色彩亮丽的单色鮟鱇鱼头前伸展的棘状突起似一根吊杆，来引诱猎物上钩。因具有此技能，它们都有稳定的食物来源。皮兹克的研究工作颇有成果，已将165种鮟鱇鱼分别纳入现今已知的41个分支亚种中。

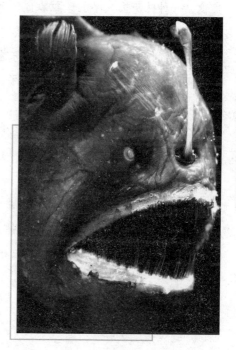

鮟鱇鱼

多种鮟鱇鱼的胸鳍和腹鳍似乎更适合爬行而非游动，海下摄影师弗雷德·贝文丹姆就曾见到鮟鱇鱼在海底一步步迁移逼近猎物的情景。有位诗人曾这样描述这种怪诞的海鱼："皮肤非常松软，步覆蹒跚……巧施诡计屡屡得手。"它们成功生存的秘诀，就在于头顶上耸立的棘状突起颇似小诱饵。

除适时变色适应环境外，其生存绝招还在于身上的斑点、条纹和饰穗，俨然一副红海藻的模样，尤其那种身披饰穗的鮟鱇鱼，更擅长潜伏捕食和逃避天敌追杀。

面对威胁，一种长相似肉瘤的鮟鱇鱼立即支立起胸鳍并张大嘴巴，摆出一副吓人的防御姿态。捕食时，鮟鱇鱼的嘴巴张得更大，是平常的 12 倍，并以迅雷不及掩耳之势一口将猎物吞食腹中。捕食速度如此之快，以至于附近的猎物未能察觉其同伴已葬身鱼腹中了。鮟鱇鱼无论大小都异常贪食，一种抹灰板大小的康默森氏鮟鱇鱼，可吞食其体长 2 倍的猎物，饥不择食时甚至还以同类为食。

条纹鮟鱇鱼的交尾行为短暂而有趣。雌鱼排泄出若干枚成片凝胶状卵子，用以吸附随海水浮动的雄鱼精子。随后，受精卵上浮到水面数天，再沉落海底，直到胎儿孵化出来。

在澳大利亚南部沿海发现为数不多的鮟鱇鱼，它们以另一种方式交配。这种表皮光滑的雌鱼排出的卵子，比其他种类的鮟鱇鱼数量较少但个头较大。交尾后一方呵护受精卵直至它们孵化成鱼。

守护的雄鱼或雌鱼利用体态丰满、逗人喜爱的受精卵招引好奇的猎物上钩，一举吞食。鮟鱇鱼遍布全球热带和亚热带海域，然而这种擅长偷袭猎物的鱼仍然需要人类保护，因为其生存环境正在恶化。

# 打开海底的财富之门

## 美丽的 "蓝色聚宝盆"

蔚蓝色的海洋素有 "蓝色聚宝盆" 的美称。据计算，在海水中蕴藏钠17000 万亿吨、镁 2100 万亿吨、钙 600 万亿吨、钾 600 万亿吨、铜 150 亿吨、铀 50 亿吨、金 1000 万吨……几乎所有的有用金属，在海水中都有着可观的储藏量。怪不得人们要把开发利用海水中的矿物质，视为解决未来地球资源危机的重要途径。

那么，怎样才能把海水中的矿物质提取出来呢？海水中的矿物质虽然蕴藏量巨大，但对每吨海水来说，其含量却很低，总共算在一起也只有3.5% 左右。如果采用化学提炼的方法，从海水中直接提取矿物质，将是事倍功半，十分不合算的。因此要想提取海水中的矿物质，必须使它们在海水中的含量大大浓缩。

最早采用的通过浓缩海水来提取矿物质的方法是 "晒盐法"。在一些开阔的沿海地区，你可看到一格格的井然有序的盐场。这些盐场便是利用阳光的热力，把引入的海水晒干，从而获得高浓度的卤水或固体的海盐，然后，再从海盐和卤水中提取可供食用的食盐，或者提炼出其中含量较高的镁、溴、碘等物质。但是，这种方法无法用来提炼其他有用金属，因为这些有用金属在高浓缩的卤水和海盐中的含量仍然十分低微，远远没有达到可提炼的标准。

这么说来，是不是没有办法从海水中提取这些物质呢？不！现代的科学研究又使人们发明了其他两种方法。

1. 生物方法。人们发现许多动植物都有特别偏爱某种金属的习性，例如一种被称为噬铁菌的细菌，就会大量地吸收和噬食水中的铁质，并将其转化成为自己机体的一部分，构成一层铁质的皮鞘；另一种叫做海蛸的生物，则对钒有特殊的偏爱，竟能如饥似渴地吸收海水中的钒，并将其浓缩100万倍，致使其体内含钒量达到0.5%；黑海中有一种浮游生物，则能把铀浓缩1万倍。这使人们深受启发，是否可以利用这些生物来获取水中的某些矿物质？尤其是浮游生物和菌藻类生物，繁殖迅速，所需营养又极其简单，完全有可能进行人工养殖，然后只要收集这些生物的遗体，便可以提炼出所需的金属。

2. 吸附法。人们发现，海洋中某些物质像动植物一样对某种金属有特殊偏爱，会吸附在这些特定的物质上面。由于吸附法省略了生物养殖的过程，比生物法更简便易行，所以一些国家已着手将其正式产业化，其中特别适用于提取海水中铀等贵稀金属。我国自20世纪60年代起，曾采用这一方法从海水中提取铀。

## 富饶的"食品仓库"

海洋学家工作的首要目的，是获得有关世界海洋的知识，以便利用这些知识为人类造福。例如，海洋学家通过研究知道了海洋是一个巨大的食品库。不过，目前大量取用的仅是鱼而已。有一些国家，例如日本，鱼是他们最重要的食用蛋白质来源。然而，就全世界消耗的蛋白质而言，鱼只占到百分之一多一点。随着世界人口的不断增长，可以肯定，世界渔业必须要增加产量才行。我们相信，如果我们会用更好的方法来利用这个资源的话，大海是能够使食品产量提高的。

虽然今天的渔船已经用上了现代化的导航设备、回声测探仪和用飞机寻找鱼群，但是，他们所使用的捕鱼方法，如钓索、渔网和拖网，几百年来却没有变化。随着世界对食物需求的增长，人类将使用新的不同的捕鱼方法。例如在里海，目前已经在使用水下灯光诱鱼和用真空泵把鱼吸进鱼舱。根据海洋生物学家和海洋学家的大量研究，还会有许多新的方法可以用来找到鱼群。

世界人口剧增，资源短缺，这是当今人们面临的最严重的环境问题。显然，能否妥善地解决好这一问题，将直接关系人类未来的生死存亡。

资源短缺，包括可耕土地资源的不足，粮食生产的增长赶不上人口的增长。正是出于这样的考虑，许多人纷纷发出警告：地球将无法养活超过100亿的人口。然而，一些乐观的人则反对这种危言耸听的说法。他们认为，虽然陆地上可耕地的开发已近极限，但地球还有广阔的海洋可供开发，大海完全有可能成为人类未来的粮仓。

当然，这里所述的粮仓不是指传统意义上的粮食——大米、小麦和玉米，而是指其他更广泛的能提供人类需要的营养的食物。譬如，一些海洋学家指出：仅位于近海水域自然生长的海藻，年产量已相当于目前世界小麦年总产量的 15 倍以上。如果把这些藻类加工成食品，就能为人们提供充足的蛋白质。

其实，把藻类作为食品，我们并不陌生。仅以我国沿海来说，人们比较熟悉的就有褐藻类的海带、裙带菜、羊栖菜、马尾藻，红藻类的紫菜、鹧鸪菜、石花菜，绿藻类的石莼、浒苔等。它们在人工的精心养殖下，产量正在不断翻新。其中仅海带一种，目前年产量就比早先的野生状态提高了 2000 多倍，可见增产潜力是多么巨大！在国外，人们还培育出一种藻类新品种，据说在 1 万平方米水面上生产的这种藻类，经加工后可获得 20 吨蛋白质、多种维生素以及人体所需的矿物质。它相当于陆地上耕种 40 万平方米土地生产的大豆所能提供的同类营养物。

除海藻外，海洋中还有丰富的肉眼看不见的浮游生物。有人作过计算，在不破坏生态平衡的前提下，若把它们捕捞起来，加工成食品，足可满足300 亿人的需要。

至于海洋中众多的鱼虾，则更是人们熟悉的食物。尽管近海的鱼虾捕捞已近极限，但我们还可以开辟远洋渔场和发展深海渔业，例如南极的磷虾，每年的产量可高达 50 亿吨。我们只要捕获其中的 1 亿～1.5 亿吨，就比当今全世界 1 年的捕鱼量多出 1 倍以上。何况，在深海和远洋中还有许许多多尚未被我们充分利用的海洋生物，其巨大潜力是不言而喻的。

## 水产养殖的直通车

随着时间的推移，被称为海上农业的水产养殖业将同陆地上最先进的农业技术相媲美。我们将肯定能提高鱼卵的孵化率，降低仔鱼的死亡率。我们有可能像在孵房里孵化小鸡那样或者像在孵养场培养鳟鱼那样，在被控制的海上养殖场孵化和饲养小鱼。我们还有可能对海洋中已知的最丰富的生物源浮游生物进行人工养殖。许多科学家相信，在将来的某一天，人类一定可以对浮游植物和浮游动物进行人工培养和控制，从而为不断增加的世界人口提供食物。这究竟能否实现，只有时间能够验证。

海水养殖场

为了充分发挥海洋作为人类食物供应基地的潜力，有必要把常规的农业技术比如犁地和围栏等移植到海上。所谓犁海，是把富于营养的无机物

（肥料）加速从海底带到海水表面。有人建议用原子反应堆加热海底的水使它上升。气泡或声波形成的篱栅有可能防止海洋家畜跑失。目前在热带地区，正在用气泡篱栅来把鲨鱼隔离在海滨之外。收获水下作物的新方法也一定会研究出来。虽然海洋学家和海洋生物学家通常并不参与解决这类问题，但是他们从事的研究所提供的至关重要的背景知识，却可能就是回答这些问题的基础。

## 未来淡水的源泉

在很多地方，把海水脱盐来制造淡水，已经在大规模地进行，但是成本一直很高。由于我们对淡水的需要不断增长，科学家们正在研究廉价的方法。有一种方法是利用核燃烧或太阳能来煮沸海水，通过蒸馏取得淡水而留下盐。另一种方法，是把海水通以电流，让带正电的盐离子向一个方向流动，而让带负电的离子向另一个方向流动，从而分离出盐。还有一种方法，是用一种特殊的薄膜，让纯水通过，而把盐滤出。再有一种方法，是把海水冻结。冻结过程能从水中萃取出盐。当盐从冰中分离出来以后，冰融化就得到淡水。得到淡水的最好方法之一是"多级闪速蒸馏法"。其方法是使海水进行几次快速蒸发，每次都是在更高的真空和更低的温度下进行。

世界上淡水资源不足，已成为人们日益关切的问题，也影响了一些国家的经济发展。1997 年 3 月，世界气象组织和联合国教科文组织，在摩洛哥举行的世界水资源论坛准备的文件中，发出了"到 21 世纪，水有可能成为一种稀罕之物"的惊呼。当然，这里所述的水是指淡水。淡水在地球上本来就十分有限，它只占地球总水量的 3% 还不到，而且，其中约 2/3 囤积在高山和极地的厚厚冰雪中，近 1/3 深埋在地层里，而真正能被我们利用的淡水，只占地球总水量的 0.26% 左右。就是这占有极小份额的淡水资源，今天还正面临着来自人类的严重污染，致使其更加捉襟见肘，日见匮缺。因此，节约用水，保护珍贵的淡水资源，已成为世人的当务之急。

除了节约和保护现有的淡水资源以外，人们自然想到怎样开辟新的更充足的水源，而占地球总水量 96.5% 的海水当然成为首选的目标。海水又咸又苦，既不能喝，也不能用。如果用海水灌溉农作物，会使它们迅速腌死；如果用海水烧锅炉，就会使锅炉壁结成锅垢而影响传热，甚至引起爆炸……因此，若想利用海水，就必须将海水进行淡化处理。

　　当前人们已掌握了几种海水淡化方法。

　　第一种是蒸馏法，即把海水加热，变成蒸汽，然后使蒸汽冷却变成淡水。一次蒸馏不行，还可以蒸馏多次。蒸馏法的缺点是，要消耗较多的能量。如果利用工业余热，特别是核电厂的高温余热来加热海水，就可节省燃料，降低淡化的成本。

　　第二种是电渗析法，它依靠两种薄膜——阴离子膜和阳离子膜，经过通电把海水里的盐类分解成为阳离子和阴离子，并且分别通过薄膜迁移到另一边，剩下的便是不含盐的淡水。虽然电渗析法耗能相对较少，但是不能除去海水中不带电荷的杂质。

　　第三种是反渗透法。利用一种薄薄的具有多孔结构的"反渗透膜"作为核心部件，在加压条件下，薄膜只能让水通过，把盐类物质拒绝于薄膜外，这样淡水和盐类就分开了。反渗透法不仅分离效率高，能量消耗少，而且设备简单，所以备受人们的欢迎，成为当今世界各国最广泛使用的海水淡化技术。据统计，1994 年，世界上用此法日产淡水 120 万吨。我国也在舟山地区建造了用此法日产 500 吨淡水的示范工程。

　　除了以上 3 种海水淡化方法以外，人们还在探索其他效率更高、成本更低的海水淡化技术。

## 深层海水用处多

　　在地球水资源中，海水占 96.5%。所以，如何充分利用海水资源，一直是人们极为关心的问题。在日本、美国等发达国家，一个新兴的产业——利用深层海水，正在悄悄地兴起。

在海洋深处，由于受到上部海水的阻挡，阳光无法到达，致使水中生物远远少于浅层，尤其是那些喜阳性的浮游微生物。这就使海水中有机物的分解速度大大超过其被生物吸收、合成的速度。所以深层海水中含有极其丰富的氮、磷等营养成分。另外，由于阳光不能到达，深海水还具有温度较低（一般在1℃~9℃）以及清洁、有害病菌少的特点。

鉴于深层海水的这些特点，人们已将其使用于多个不同的领域。其中以养殖业最为适宜。本来，饲养生活在水深300米以下的鱼类，一直是鱼类养殖家最为头痛的难题。现在利用深海水进行养殖，就使这困扰人们多年的难题迎刃而解了。例如银大马哈鱼，人们以前千方百计尝试人工养殖都未获得成功，现在它们在深层海水的养殖槽里却欢快地游弋着。还有本来只能生长在深海中的红珊瑚，今天在日本深层海水研究所的养殖场里，也健康地生长着。而且人们发现，利用深海水养殖，还可大大提高虾的成活率和海胆以及贝类的产量。这充分显示出深层海水养殖业所蕴藏的巨大潜力。

深层海水营养丰富以及少菌的特点，还被用于生产健康食品。日本高知县每天从距离海岸2000米、水深320米处抽取深层海水，用来生产豆腐、酱油、咸菜和清酒。据介绍，深海水不仅具有发酵快的优点，而且制成的食品香甜可口，别有风味。一种由当地酿酒厂开发的叫做"土佐深海"的清酒，就是利用深层海水为原料的。这种酒的最大特点就是酒中的酵母菌总是活的，口味柔和，赢得了许多女士的喜爱。人们还开发了一种带有柚子、蜂蜜等水果味的深层海水饮料（含3%深海水），也以口味独特、爽口而获得消费者的青睐。

深层海水还被用于发电。科学家做过试验，先使用海洋表面的温暖海水来加热酒精等工作介质，使其蒸发变为气体驱动涡轮发电机，然后用深层海水冷却已蒸发的工作介质，让其循环反复使用。结果，只要有20℃的温差，每秒钟提取200吨的深层海水和同量的表层水，就可以发电10万千瓦，相当于一个中型发电厂的规模。不过，此项研究在技术上还不够成熟，有待于新的突破，以获取更大效益。

应该说，利用深层海水来发展经济才刚显端倪。随着科学研究的深入，它还会在其他领域中大显身手。

## 不折不扣的"大药库"

人们由于对海洋不了解，常把海洋视做神秘的地方，认为那里神仙出没、贝阙珠宫、珍宝无数、金碧辉煌。随着社会和科学的发展，人类对海洋有了比较全面的了解，那里确实有无尽的宝藏，如石油、矿物、渔业资源、海水动力资源和化学资源等等。不仅如此，海洋还是一个巨大的药库。

你可能会觉得奇怪，海洋里的生物竟然能治病？其实，我国古代劳动人民早就开始用海洋生物制作药物了。著名的《本草纲目》中便有许多记载，例如：鲍可平血压，治头晕目花症；海蜇，味咸涩、性温，可治妇人劳损、积血带下、小儿风疾丹毒等。在我国的传统中药里，海洋药物的种类更是繁多，如人们用海马和海龙补肾壮阳、镇静安神、止咳平喘；用砗磲壳安神解毒；用龟油和龟血治哮喘、气管炎；用海藻治疗喉咙疼痛等。其中最常见的要数海螵蛸和珍珠粉，海螵蛸为乌贼的内壳，可治疗胃病、消化不良、面部神经疼痛等症，还可用做止血剂；珍珠粉可止血、消炎、解毒、生肌等，人们常用它滋阴养颜。可见，海洋生物是中药里不可缺少的组成部分。

西药中，也有很多种类是用海洋生物制成的。例如，用带鱼鳞制成的咖啡因，可做多种药品的原料；用鳕鱼肝制成的鱼肝油，可治疗维生素 A 缺乏症、维生素 D 缺乏症；河豚毒素可制肌肉松弛剂、镇静剂和局部麻醉剂等；海蛇毒汁可制抗蛇毒血清，并可制成治疗风湿麻痹、半身不遂、坐骨神经痛等疑难症的特效药。

海洋生物更是现代生物制药的重要原料。目前世界上死于癌症、心脑血管病和艾滋病的人数日趋增多，陆源药物对这些疾病尚未有理想效果，于是许多科学家将目光纷纷投向了海洋，人们发现，鲨鱼软骨中的硫酸软骨素具有抗动脉粥样硬化和抗血管内斑块的功效，对治疗心脏病有疗效。

奇妙的海底世界

人们还发现，俗称"海石花"的毒性软珊瑚具有抗癌作用；同时，对其他珊瑚品种也进行了研究，希望能找到抗艾滋病的药物。另外，人们还发现海蟹中有一种奇妙物质，能迅速愈合骨折；海绵可治结核病；鱼皮可治烧伤……

海藻

随着生物医药工业的蓬勃发展，人们从海洋中提取到的药物种类将会更多且效果更佳，海洋药物将是人类健康的又一保护神。

## 巨大能源的集聚地

我们通常说海洋里蕴藏着无穷无尽的能源，这主要指热能和机械能，如波浪能、潮汐能、海流能、温差能、盐差能等等。而这里所说的海水也是一种能源，是指海水如同石油一样，从海水中可以提取出像汽油、柴油那样的燃料铀和重水，作为航空母舰、潜艇、破冰船、电厂等的动力。从这个意义上讲，海水不就是一种能源吗？

大家知道，铀是原子能发电的燃料。铀的原子核在中子的轰击下，可分裂成质量相近的两块碎片，这被称为核裂变。铀发生核裂变时，可以释放出巨大的能量，例如，像火柴盒大小的 1 千克铀全部裂变完，它所释放出的能量相当于 2500 吨优质煤燃烧时所产生的能量，也相当于 20 多万人一天的劳动能量。到 20 世纪 90 年代初，世界上有 31 个国家和地区已建和在建的原子能发电站达 522 座，占世界总发电量的 10% 以上。根据国际原子能

机构的预测，到 21 世纪，世界原子能发电站的总数将超过 1000 座，占世界总发电量的 35%。

铀虽能释放如此巨大的能量，但它在陆地上可供开采的储量极其有限，还不到 100 万吨，远远满足不了人类的需要。但铀在海水中的储量却十分可观，达 45 亿

**法国朗斯潮汐发电站**

吨左右，相当于陆地总贮量的 4500 倍。按燃烧发生的热量计算，45 亿吨铀裂变产生的热量相当于 1 亿亿吨优质煤，比地球上全部煤炭储量还高 1000 倍，即使今后能源消耗比现在再增加 1 倍，至少也可供全世界使用 1 万年。铀在海洋中的储量虽然巨大，但含量并不高，每升海水中约含 3.3 微克，也就是说，要得到 3 千克铀，就需要处理 100 万吨的海水。为此，人们进行了近 30 年的探索，研究出许多种海水提铀的方法，但成本都比较高。现在从海水中提铀，最有发展前途的是吸附法，它利用一些物质亲近铀、吸附铀的特性来收集铀。目前日本已研制出一种吸附能力很强的吸附物质，只要 1 克这种物质在海水中就能吸附 2 毫克以上的铀，大致达到了陆地上富铀矿的含铀量水平。

重水是从海水中获得的另一个重要能源。它是氢的同位素重氢（氘）和氧化合而成的水。重氢的原子中比普通的氢原子多一个中子，质量比氢大 1 倍，由此而得名。重氢是进行核聚变的原料。所谓核聚变能，是指 2 个氢原子核如氢或氢的同位素，聚合成 1 个较重原子核所释放出的能量。当氢通过核聚变变成 1 克氦时，它所释放的能量相当于燃烧 25 吨煤所放出的能量。随着受控热核技术的发展，重氢被认为是 21 世纪最理想的能源。

据计算，重水在海洋中的蕴藏量约为 200 万亿吨。重水是制取热核燃

奇妙的海底世界

料——重氢的主要来源。如果 1 升海水里所含重氢的热核聚变能相当于燃烧 300 升汽油的话，那么 200 万亿吨重水所含氢所产生的总热量，就相当于世界上所有矿物燃料所发出热量的几千倍。这是多么巨大的能源啊！

## 储藏石油的大 "仓库"

从海岸向外，到深海大洋区之间的区域，人们称它为大陆边缘地区。这里有水深不到 200 米的大陆架浅水区，还有大陆架到深海之间的一段陡坡，水深在 200～3000 米之间，被称为 "大陆坡"。经过近百年的海上石油勘探，人们发现在大陆架浅水区蕴藏着丰富的油气资源，而且在大陆坡，甚至在小型的海洋盆地等深水海域也都找到了藏油的证据。据调查，海底石油约有 1350 亿吨，占世界可开采石油储量的 45%。举世闻名的波斯湾，是世界上海底石油储量最丰富的地区之一。在我国的南海、东海、南黄海和渤海湾，也都先后发现了油田。

海底石油资源如此丰富，那么它是如何来的呢？要搞清这个问题。还得从几千万年甚至上亿年前的历史地质时期谈起。

开采海底石油的平台

在漫长的历史地质时期中，地球上的气候，有的时期比现在温暖湿润，有的时期比现在寒冷干燥。在温暖湿润的地质时期，由于大陆架浅水区气候温和，阳光充足，光线能够透过浅浅的水层照射到海底，加上江河里带来大量的营养物质，水质肥沃，海洋藻类生物在这里大量繁殖。同时，海洋中的鱼类、软体类动物以及其他浮游生物也在这里群集，迅速繁殖。这些生物死亡后，遗体随同江河夹带来的泥沙一起沉积在海底，形成所谓的"有机淤泥"。这样，年复一年，大量的生物遗体和泥沙组成的有机淤泥被一层一层掩埋起来。由于这些地层因某种原因不断下降，有机淤泥越积越厚，越埋越深，最后与外面的空气相隔绝，造成一个缺氧的环境，加上深层处温度和压力的作用，厌氧细菌便把有机质分解，最后形成了石油。不过，这时形成的石油还只是分散的油滴。

在地层下，分散的油滴需寻找"藏身之地"。由于气候的变迁，海洋中形成的沉积物有时候颗粒较粗，颗粒间孔隙较大，便形成了砂岩、砾岩；有时候颗粒较细，颗粒间孔隙很小，于是形成页岩、泥岩。在上覆地层的压力作用下，这些分散的油滴被"挤"向多孔隙的砂岩层，成为储积石油的地层；而孔隙很小的页岩层，由于油滴无法"挤"进去，储积不了石油，却成了防止石油逃逸的"保护层"。

石油储积在砂岩层中还不具备开采价值，还需经过一个地质构造变形过程，使分散的石油集中在构造的一定部位，这样才能成为可开采的油田。这个过程大致是这样的：原来接近水平的岩层由于受到各种压力的作用而发生变形，形成波浪起伏的形状，向上突起的叫背斜构造，向下弯曲的叫向斜构造；有的岩层经过挤压，形成像馒头一样的隆起，叫穹隆构造。在岩层受到巨大压力而变形的同时，含油层中比重小的石油由于受到下部地下水的浮托，向斜构造岩层或穹隆构造岩层的顶部汇集，这时石油位于上部，而处在中间、下部的则是水。具有这种构造的岩层就像一个大脸盆，把汇集的石油保存起来，成为储藏石油的大"仓库"，在地质学上叫做"储油构造"，这才有真正的开采价值。

# 天然资源运输机

20 世纪 70 年代以来，人们陆续在世界各地的海洋深处发现了一种以前从未给予充分重视的新能源——可燃冰。猛听这一名词，你一定会感到奇怪！冰，怎么会可燃呢？其实，可燃冰是指水与天然气相结合后形成的一种晶体物质，学术上称为"天然气水化合物"。据测定，1 立方米固体可燃冰，约含 200 立方米天然气。所以可燃冰具有很强的燃烧能力，是一种十分重要的能源。

可燃冰的发现是出于一次偶然机会。在 20 世纪 30 年代，人们为了输送天然气，开始敷设巨型的天然气管道。结果发现，管道经常发生堵塞。将管道剖开一看，原来是被冰一样的物质所封堵。管道中怎么会有冰呢？经过研究才知道，原来它是天然气与水的结合物，具有很强的燃烧能力。

可燃冰大量贮存于冻土层中和海底，其中以海洋深处蕴藏量最为丰富。在海底，可燃冰常可形成长达数千千米，厚度从数厘米到 200～300 米不等的巨大矿床。在美国、加拿大等沿海地区，已查明蕴藏有数百亿立方米的可燃冰资源，可供开采数百年。俄罗斯、新西兰、印度、日本等国也都发现储量可观的海底可燃冰资源。我国在东海、南海、黄海海底也发现储量丰富的可燃冰。有人估计，全世界可燃冰的储量非常巨大，至少是煤和石油总储量的 2 倍以上。它已被誉为未来的新能源。

可燃冰由于深藏于海洋深处和冻土层中，开采上有一定的难度，迄今世界上尚无开采海底可燃冰的成功经验。目前人们设想中的开采方案有两种，一种是把气压式泵管与接收船相连接的开采方案。气压式泵管直接伸入海底，泵管下端是一个巨大的钟形物，可罩住水底一片区域。在钟形物内还置有一台自动采掘机，它会把海底含有可燃冰的岩石和可燃冰一起掘起，并将它们粉碎搅烂成矿浆，然后由气压式泵管将矿浆输送到接收船上。在接收船上，通过加热加压等方式把可燃冰中的天然气分离出来，而剩下的海洋沉积物，往往还含有其他可利用的物质，再进行第二次、第三次分离和提取处理。最后，把无用的残土倒入海中。

另一种方案是，在海底直接设法让可燃冰分解为冰和天然气，然后像开采岩层中的天然气一样，把它直接输送到地面的储气罐中，再由储气罐输送到各个需要天然气的用户。与前一种方案比较，后一种方案的输送条件比较简单，预计可节约较多的开采成本。但问题是，可燃冰在海底的分解技术迄今还不成熟；另外，这一方案也无法充分利用开采区海底可能存在的其他资源。

## "灵丹妙药"的发源地

长生不老，谁人不想。早在公元前 221 年秦始皇统一六国之后，就曾派方士徐福带领童男童女数千人不远千里到东海去寻找长生不老药，后来也有人说其实秦始皇所求仙药乃是海带。

在日本，豆腐配海带被认为是长生不老的妙药。大豆含有五种皂角苷，它们能阻止容易引起动脉硬化的过氧性脂质产生，抑制脂肪的吸收，促进脂肪的分解。但皂角苷会促进体内碘的排出，碘是甲状腺的成分之一，少了它，人易患甲状腺机能亢进病。配吃海带，可除此弊病。两者同吃还能预防肥胖、心血管硬化、高血压、心脏病等。对急性青光眼、急性肾功能衰竭、乙型脑炎也有辅助疗效。

海带的营养价值很高，富含蛋白质、脂肪、碳水化合物、膳食纤维、钙、磷、铁、胡萝卜素、维生素 $B_1$、维生素 $B_2$、烟酸以及碘等多种微量元素。

海带风味独特，食法很多。凉拌、荤炒、煨汤，无所不可。海带是一种碱性食品，经常食用会增加人体对钙的吸收，在油腻过多的食物中掺进点海带，可减少脂肪在体内的积存。在所有食物中，海带的含碘量最高，每 100 克海带中含有 300~700 毫克碘。碘是人体内一种必需的微量元素，是合成甲状腺素的重要原料，人如果长期缺碘会出现地方性甲状腺肿大，吃海带则对此病有防治作用。孕妇如果摄碘不足会影响胎儿的生长发育，造成胎儿出生后发育不良、智能低下，所以孕妇应适当吃点海带。专家认为，由于人们对动物蛋白、精肉、白糖等摄入过多，易导致甲状腺分泌不足和皮肤代谢障碍，形成白发，常吃海带有助于预防和减少头发变白。

中医认为，海带性味咸寒、无毒，具有软坚散结、消痰平喘、通行利水、祛脂降压等功效；可治瘿肿、宿食不消、小便不畅、咳喘、水肿、高血压等症。现代医学研究表明，从海带里提取出褐藻酸钠盐，具有降压作用。日本科学家用60℃的水浸泡海带，再浓缩浸出液，给高血压患者服用，使其血压降低。科学家还把海带析出物甘露醇硝化制成冠心病的特效药，给高血压、高血脂、冠心病患者服用。

现代药理研究表明：海带析出物甘露醇是一种渗透性利尿剂，它进入人体后有降低颅内压、眼内压，减轻脑水肿、浮肿等功效，是水肿、小便不利病人的食疗佳品。海带对癌症也有预防作用。海带是碱性食品，含钙量较高，钙是防止血液酸化的重要物质，有助于防癌。海带中的碳水化合物和胡萝卜素也有助于防癌抗癌。海带可以排除癌细胞对人体胃肠的影响，防止胃癌的发生。

但海带性寒，脾胃虚寒者忌食。海带中含有一定量的砷，摄入过多的砷可引起酸性中毒。因此，食用海带前，应先用水漂洗，使砷溶于水，浸泡24小时并勤换水，可使海带中的砷含量符合食品卫生标准。

## 海洋中的"金子"

不少人听说过龙涎香，不过，除了为数不多的专家之外，确切知道龙涎香到底是什么东西的人则寥寥无几。这类有时候被大海抛到岸上来的灰色或褐色团块从上世纪起才引起学者们的注意。龙涎香本身具有令人愉快的麝香香味，但更主要的是，它有使香料的香味保持持久的特殊功能，因而很早就应用于化妆品制造业中。

著名的阿拉伯医生，自然科学家阿维金纳（依朋·西纳）是最早记叙龙涎香的人之一。这几乎是900年以前的事了，他认为龙涎香产于海底，由

龙涎香

深海层涌出的强烈水流带至海面。100年后，中国人陈述了不同的看法。他们解释说，在海洋的某个地方栖息着许许多多的龙。龙在岸上睡觉时，直挺挺地躺在那里张着嘴，它的唾液淌入海里变硬后便成了一块块这种珍贵的东西。其后，不同的时期又流传着许多不同的说法：有人说龙涎香乃是一种特殊的菌类，有人说它是生活在遥远岛屿上的大鸟的粪便，也有人认为它就是在海上长期漂浮的蜂蜡。到17世纪时，有关龙涎香的生成说共有18种之多。从上个世纪开始，人们才一致认可它同鲸的关系。

龙涎香究竟是什么？现代分析化学指出，龙涎香是由衍生的聚萜烯类物质构成的，这是一种类似于橡胶的物质。其中的多种成分具有沁人心脾的芳香（不少的花的香味以及树脂的清香正是由于其含有萜烯化合物而形成的）。龙涎香呈蜡状，生成于抹香鲸的肠道中。众所周知，抹香鲸的基本食物是枪贼鱼类。在消化的过程中枪贼鱼的尖嘴会弄伤它们的肠道，而肠道中分泌的龙涎香物质正是医治其伤口的良药。龙涎香从鲸的肠道中慢慢穿过排入海里或者是在鲸死后其尸体腐烂而掉落水中。从被打死的抹香鲸的肠道中取出的龙涎香是没有任何价值的，它必须在海水中漂浮浸泡几十年（龙涎香比水轻，不会下沉）才会获得高昂的身价。有的龙涎香块在海水中浸泡长达百年以上。身价最高的是白色的龙涎香；价值最低的是褐色的，它在海水中只浸泡了十来年。

虽然龙涎香的所有组成成分现在都能靠人工合成而得到，然而它们的混合物却不可能完全代替天然的龙涎香。

鉴于龙涎香珍稀且价格高昂，大自然的赐予愈来愈满足不了化妆品生产的需求，虽然一些老字号厂商仍用龙涎香做芳香剂，但多数厂家仅仅把它用做香水香味的固定剂。龙涎香的基本组成部分是不具香味的三环三萜烯固醇龙涎留，香水的配料中加进了它，便会在皮肤表面形成极薄的一层薄膜，这层薄膜可以起到延缓香水香味迅速挥发的作用。不过，在把龙涎香加入香水之前，还需把经过精加工的龙涎香溶液装瓶放在摇架上不断摇动一年半之久，以便龙涎香溶液能更均匀地混合。用化妆品制造商的话说，这段时间叫做溶液的熟化期。显然，商家不情愿把这笔款子"冻结"一年半，因此，化妆品公司的专家们目前正试图寻找一种加快龙涎香熟化的办法。研究人员期望从提高龙涎香溶液的温度、使溶液里的氧饱和加速调合入手，将有可能使龙涎香熟化的时间缩短 5 倍。不过，这已是另一个话题了。

## 虾皮肉少营养高

虾皮是"毛虾"的干制品。毛虾是一种海产小虾，肉很少，干制时不去虾壳，看上去容易使人感到只是一层皮，虾皮的名称也由此而来。

虾皮虽然瘦小干枯，貌不惊人，但它的营养成分远比鱼、肉、鸡蛋、牛奶等大众心目中的营养佳品还要好，只是许多人不了解而已。据营养学

虾 皮

家测定，每100克虾皮中含蛋白质39.9克，1千克虾皮所含的蛋白质，分别相当于2千克鲤鱼、2千克牛肉、3.5千克鸡蛋、12升优质牛奶所含蛋白质的数量。

虾皮的另一大特色是矿物质数量、种类丰富，除了含有陆生、淡水生物缺少的碘元素，磷、钙、铁的含量非常丰富，每100克虾皮中含磷1005毫克，含钙竟高达2000毫克，为鲤鱼含钙量的80倍，是任何食品都无法比拟的。所以，虾皮素有"钙库"的美称。医学家最新研究发现，钙有控制高血压、降低血液中的胆固醇、抑制癌细胞增殖等功效。

虾皮是一种价廉物美、食用方便、有益健康的好食品，四季都有供应，吃法多种多样，制作简捷快速。它还是食品中的"百搭"，无论什么菜肴都可配它。如吃饭时，取一把虾皮洗一下，加点精盐、香油、葱花、紫菜，用开水一冲，就成了一碗色香味俱佳的鲜汤。家常菜中的虾皮烧豆腐、虾皮炒大葱、虾皮烧冬瓜、虾皮萝卜汤、虾皮粉丝汤、虾皮烧茄子、虾皮蛋汤、虾皮拌菠菜等等，均不失为美味佳肴。用虾皮包馄饨、饺子，不但味道好，营养价值更高。就连小吃，如咸豆浆、豆腐脑等食用时放一些虾皮，味道也更好。

虾皮不仅可以做汤、可以炒、可以做馅，它还是调味佳品，如虾皮炖鸡蛋，就别有风味。虾皮不仅适宜老人、孕妇、婴幼儿食用，也适宜体质衰弱者食用，健康人食用则更是有益。日本人对虾皮特别青睐，每餐必有的酱汤中总是少不了要放些虾皮，即使做工讲究的寿司也要用虾皮做配料。

## 海底珍贵的保健品

藻类是地球上最早登上生命舞台的绿色植物，绝大多数生活于海洋、江河和湖泊里。羊栖菜是生活于海洋里的一种藻类，隶属于褐藻门、马尾藻科、马尾藻属。它是一种富营养的食用藻，享有"保健珍品"的盛誉。

羊栖菜，又名鹿角尖、海大麦，属暖温带性海藻。我国北起辽东半岛，南至雷州半岛，均有它的分布；以浙江沿海最多。它喜丛生在浪大流急的礁石上，株高一般为 30～50 厘米，最高可达 200～220 厘米。藻体由假根、茎、叶片和气囊组成。假根为吸盘状的基部固着器，茎为直立圆柱状的主枝，叶片、气囊，北方呈锯齿状，南方则呈线形或棒状。藻体鲜品呈黄褐色，干品呈黑色。

羊栖菜为雌雄异株，性成熟时，由生殖托上形成的生殖窝孔中排出卵囊（或精囊），黏附于生殖托周围进行受精。然后脱离生殖托，附着在附着基上，形成新的袍子体。在有性生殖季节之后，枝叶就慢慢腐烂，只剩下基部，并从基部再滋生新嫩枝，自我繁殖力很强。

羊栖菜肉厚多汁，食用价值高。据分析：干品每百克含蛋白质 10.6 克，脂肪 1.3 克，钙 1400 毫克，磷 100 毫克，钾 4400 毫克，铁 5.5 毫克，胡萝卜素 550 毫克，还有多种维生素和微量元素。我国民间食法有：辽宁省旅顺一带羊栖菜和贻贝（又名海红、淡菜）拼煮；山东省荣成将羊栖菜做馅蒸包，

羊栖菜

乳山羊栖菜煮豆腐；福建省沿海将羊栖菜与鱼共煮，冷却后切块；浙江省温州一将羊栖菜炒肉丝。南北风味，各具特色，脍炙人口。

中国药典《本草纲目》对羊栖菜的记载："昧苦、寒，主瘿瘤气、颈下核，破散结气、痈肿症下坚气、腹中上下呢、下十二指水肿。"现代医学研究表明：羊栖菜对预防甲状腺肿大，降低血液中胆固醇，治疗高血压和大肠癌、胃癌，均有一定的功效，对促进儿童骨骼生长，保持皮肤润滑，恢复大脑疲劳，防止衰老等，亦有显著的作用。

# 海底宝中宝

多数海滨城市公园，都蓄养海豹供人观赏。它时而潜水，时而仰游，姿势优美。憋气时，鼻孔伸出水面，呼吸一口新鲜空气，再潜入水底；高兴时，头部整个露出水面，抬头仰望，环顾人群，抖一抖那稀疏的胡须，显得憨态可掬，特别逗人。因此，海豹池周围总吸引着大量的游客。

海豹是寒带海洋的哺乳动物，在我国主要产在黄海、渤海沿海，可在冬季或初春，在冰上或冰块开裂处捕猎。正如古书所说："人不可得，须冬月极冻时，海崖水口结冰，天晴群出，处冰上曝日，必候其卧冰时，骤入水以木棍击其腰，方可得之。"当然现在已有更好的捕猎方法了。

海豹除可供观赏外，还是重要的海洋生物药源。和海豹有同样药用作用的海兽还有海狗。海狗在古书上叫做腽肭兽。海狗不像海豹那样温和，它性情凶狠，行动敏捷，常成群结伙捕食落网之鱼，狂嚼饱餐之后，把网咬得稀烂再潜海逃遁，使得太平洋北部及南极周围的渔民深受其苦。不过海狗在我国沿海较少，仅能偶尔见到。

海豹和海狗的肝脏可制成类似"肝维隆"注射液的针剂，这是一种治疗恶性贫血的良药，其中主要含有能治疗贫血的维生素 $B_{12}$，此外还含有维生素 $B_1$ 和维生素 $B_2$ 及叶酸等。临床表明这种肝注射液较陆上兽肝注射液有更好的疗效。

这些海兽都富有脂肪，而且它们的脂肪似乎有特殊作用，例如由海狗脂肪提取的油，对治疗伤风、

海 狗

支气管炎、哮喘、皮肤病等都有很好效果。南极的渔民常用海狗油搽皮肤，以抵御风暴和海水的侵袭。据报道，智利有人将海狗油加上氧化锌、天竺葵和一些香料等配成护肤油，对治疗烫伤有奇效。有一个腿上长满菌状肿瘤的病人，遍求名医无效，使用这种护肤油，不到 1 周就痊愈了。

这些海兽的骨骼肌不仅可吃，而且可制成药品。若将其经酶水解后，再进一步经葡聚糖凝胶层折，可得到精制的低分子多肽。这种多肽具有加速消化器官的运动、扩张血管、增加组织血流量及利尿等功能，很可能被用来制作降压和滋补的药物。

## 鱼皮鱼鳞的妙用

你见过闪闪发光的珍珠吗？它是在蚌体里长大的。珍珠是一种珍贵的药品和装饰品。如果你把带鱼表皮上的"鳞"收集起来，涂到取出的鱼眼球上，就能得到一个以假乱真的珍珠。所以，人们给带鱼"鳞"起了一个好听的名字，叫"珍珠素"。用珍珠素还可以制成有用的药物——咖啡因。

我们在吃罐头的时候，会发现一个问题，就是大多数的鱼罐头里没有鱼头、鱼皮、鱼内脏。这些东西都扔掉了吗？没有。原来，人们把这些东西制成了更加有用的东西。比如，剥下来的鱼皮经过加工，可制成钱包、手提包、皮带、皮鞋。做皮包、皮鞋剩下的废料，可以熬成鱼胶。鱼胶可以制作照相用的胶卷，面包里加入一点点鱼胶，会使面包变得更加柔软适口；在香肠、罐头、果汁、冰激凌里加入鱼胶液，还可以起到增稠、稳定的作用。

## 鱼松鱼粉两兄弟

鱼松和鱼粉有许多相似之处，如它们都是用鱼做的，外表都是黄褐色的，都含有丰富的营养成分。所以说，它们像一母同胞的两个兄弟。可是，它们的用途却大不一样。鱼松主要是用鱼肉做的，里面加了调料，所以可供人吃。少年儿童多吃鱼松，有益于大脑和骨骼的生长发育，增强抗病能力。

鱼粉不单可用鱼肉做，也可用整条鱼做，甚至变质发臭的鱼，也可以做成鱼粉。制作时不需加调料，它主要用于动物饲料。鸡鸭吃了生长快，下蛋多；小猪、小牛吃了长得胖；乳牛吃了产奶多。现在养鱼场、养虾场用的饵料里面，都有鱼粉。

## 鲨鱼浑身是宝

一提起鲨鱼，我们马上就会想起它那穷凶极恶的样子。

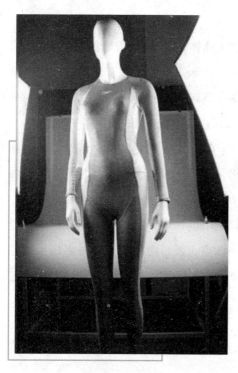

用鲨鱼皮做的泳衣

其实鲨鱼浑身都是宝。鲨鱼的个体一般都比较大，有的长达十几米。经过加工以后，可以制成许多有用的东西。

它的皮看起来很粗糙，但经过处理后可以制成名贵的皮革制品。比如皮带、皮鞋、钱包、皮箱等。

鱼翅是海味中的珍品，是宴会上常见的名菜，鱼翅就是用鲨鱼的鳍做的。鲨鱼的肉可以吃，但是肉内含有大量尿素，有较浓的氨臭味，所以必须烹饪得法才能享用。食用鲨鱼肉可促进伤口愈合，特别适合刚做完手术的病人食用。

不要小看鲨鱼的骨头，由于鲨鱼在生物进化过程中停留在软骨阶段，所以它的全身都是软骨，加工后可制成高级食品——明骨，也有叫脆骨的。以前我们都是从猪、羊的鼻、喉软骨中提取药用的软骨素，现在都改用鲨鱼的软骨了。

与其他鱼类不同的地方是鲨鱼的肝脏特别大。有的鲨鱼肝重竟占了它体重的1/5。鲨肝可以制鱼肝油，做药用，还可以提炼出一种叫角鲨烯的油，这种油在 – 60℃也不能结"冰"，所以可做制冷压缩机和飞机的润滑油。

## 虾蟹甲壳用处大

虾蟹都披着一件"铠甲"，这件"铠甲"，我们称之为甲壳。在享用美味的虾蟹之前，需要先剥去它的甲壳。这样全世界每年要剥掉的甲壳就有几十万吨，甚至数百万吨之多。这么多的甲壳，弃之可惜，科学家们经过研究，发现甲壳是由碳酸钙等无机盐、蛋白质、脂肪、甲壳质、色素等成分组成的，把甲壳用酸碱交替处理后，可得到甲壳质。

甲壳质的用途非常广，已经渗透到我们日常生活中的方方面面。

在医学方面，用甲壳质可做手术缝合线，这种缝合线不用拆除，可被人体吸收，免除了病人拆线的痛苦。用甲壳质制造的人工皮肤，贴在烧伤的伤口上，可以促进伤口的愈合，痊愈后不易结疤。甲壳质还可制药，做隐形眼镜。

在食品方面，用甲壳质可以澄清果汁、果酒，做食用薄膜、减肥食品，冰激凌里加甲壳质可减少冰晶，延续融化。

另外，甲壳质还可以净化自来水，可做发胶、蚊香黏合剂，牙膏、口香糖等。几百种产品里，都可以找到甲壳质的影子。

## 贝壳也是一种宝贵资源

漫步在海滩上，你会看到许多贝壳。这些五颜六色的贝壳，经过加工可生产出许多有用的产品。

走进工艺品商店，可以看到展翅欲飞的老鹰，憨态可掬的大熊猫，还有装着虾蟹贝螺的小水晶盒，这些都是用贝壳做成的。另外，大的红螺壳可制成海螺号，小的海螺壳可制成烟灰缸。近年来，贝雕画又与石英钟结合在一起，使画面有动有静，既好看又实用。

贝壳经高温煅烧可得磷灰石。磷灰石是做化肥的原料，也可做水泥。

目前，市场上有许多富钙食品，如活力钙山楂片，活力钙糕点等。这些钙都可以从贝壳中得到。不单是人要补充钙，就是一些动物也需要补充钙。我们知道鸡蛋壳主要是由钙组成的。如果母鸡的食品中缺少钙，它就会下软壳蛋或不下蛋，这时你如果将蛤蜊皮踩碎，母鸡就会狼吞虎咽地吃下去，以补充体内的钙。贝壳中还含有磷、铁、锌、铜等微量元素，它们都是母鸡所必需的营养成分。

**各式各样的贝壳**

珍珠是很贵重的，用处也很大。在做化妆品珍珠霜时，如果把整个完好的珍珠碾成粉加到面霜里就显得有点可惜。其实，珍珠贝贝壳内层有一层珍珠质，其性质与珍珠的性质极为相似，完全可以替代珍珠加到面霜里使用，效果基本一样。

许多贝壳还可入药治病，有着神奇的疗效。鲍囱壳中药上叫它石决明，可治疗多种眼病；文蛤粉加青黛可治气管炎；蛏壳捣碎可治扁桃体炎；乌贼体内有块大的白骨头，中药叫它海螵蛸，可做止血粉。

可见，贝壳也是一种宝贵的资源。

# 为什么要保护海洋

广袤无垠的海洋覆盖了地球 71% 的面积，它是大陆淡水径流的主要来源。广阔的水面，巨大的水体和永不停息地流动着的海流调节了全球的气温和降水。因而可以说，海洋保护了地球上所有生物的生存，当然也包括人类的繁衍。

海洋还敞开宽阔的胸怀，让人们来发掘它丰富的宝藏。

海洋是人类未来的食品基地。仅藻类产品就比世界目前小麦总产量多 20 倍。海洋每年为人类提供 30 亿吨的鱼。据计算海洋所能提供食品的能力是陆地的 1000 倍。

海洋还是一座巨大的油库。海底石油可采储量约 3000 亿吨，是世界石油总储量的 40%。海底锰结核可供人类使用上万年。海水中还含有铀、氢的同位素等多种核原料，还有大量无机盐类等资源。

海洋还蕴藏着巨大的潮汐能。据估计，世界潮汐资源约有 10 亿多千瓦。如果把波浪能和海流能也计算进去，就更可观了。

海洋慷慨地倾已所有为人类服务，然而人类对它怎样呢？

无节制的污染、掠夺性的开发，严重破坏了人类共有的海洋环境，引起了世界有识之士的巨大焦虑和不安。

人类对海洋的污染有 6 种，其中石油污染是最普遍的。人类每年排入大海的石油为 200 万～2000 万吨。如果把油船沉没和战争破坏所造成的漏油计算进去，那么这个数字将成倍地增加。石油污染会使成千上万只海鸟丧命，油膜使浮游生物及鱼类无法生存。

全球工业的发展，每年使大量含汞、镉、铜、铅等重金属的化学废料进入海洋。据计算，全世界每年排入海洋的汞有 1 万多吨，镉就更多。

各种农药污染也不亚于工业污染，特别是杀虫剂滴滴涕，每年约有 100 万吨进入海洋，抑制了海藻的光合作用，产生严重后果。

工业、民用和农业污水，船民的生活和生产废弃物污染，核武器试验污染和海洋热污染等也使海洋环境日益恶化。

据调查，每年从河流注入海洋的 41000 立方千米的淡水中，有 200 亿吨悬浮物和溶解盐类，包括金属和污染物、城市垃圾和污水。可见人类活动对海洋污染的严重性。

除了严重的污染外，人类掠夺性的捕捞也使海洋渔业资源严重受损，有的品种已濒临灭绝。

地中海沿岸，现在连长 80 毫米以上的鱼也不见了。新英格兰沿海鳕鱼、比目鱼减少了 65%。我国渤海、黄海渔场的鱼类资源也到了濒临灭绝的境地。

海洋是人类生存的重要环境，保护海洋就是保护人类共同的环境，就是保护人类的未来。但是这种保护必须要世界各国通力协作，制定切实有效的国际公约和保护措施才能奏效。

## 如何保护海洋

海洋是生命的摇篮，至今那里还生活着 20 多万种生物。据统计，动物界有 32 个门类，其中 23 个生活在海洋里。尽管如此，人们对其中的许多物种至今还没有充分的认识，更没有去开发利用。但今天没有用的生物品种，并不是说明天也派不上用途，例如过去被认为有百害而无一利的海星，近年海洋药物学家却发现它具有很高的药用价值，从海星中提炼出的一种明胶，可作为人造血浆的原料；还有，海星体壁中含有一种物质，具有显著降低血清胆固醇的作用，提炼出来可以制成治疗心脑血管疾病的良药。这说明浩瀚的海洋确确实实是生物资源的宝库，人类应该爱护它、保护它。

但是，随着科学技术的发展，海洋开发利用的范围不断扩大，给海洋自然环境和自然资源带来一些不利的影响，甚至造成严重破坏。最明显的是，一些海域鱼类资源量急剧减少，某些海洋珍稀动植物濒临灭绝，这不能不引起人们的高度重视。为了保护海洋环境，促进海洋资源的可持续发展，一些沿海国家建立了海洋自然保护区。海洋自然保护区是一种对海洋

奇妙的海底世界

自然环境和生态系统、珍稀动植物栖息地、重要自然历史遗迹以及具有特殊价值的海域、海岛和沿海区域等加以保护的自然区域。

建立海洋自然保护区，可以保留一部分尽可能不受人类干扰的海域自然状况，使各种海洋生物有良好的生存环境，使一些海洋珍稀动植物、濒临灭绝的海洋生物能够被保护下来，为人类持续利用。因此，建立海洋自然保护区对海洋资源开发利用、科学研究、文化教育和旅游业都具有重要意义。在国际上，常常把海洋自然保护区建设作为衡量一个国家海洋保护事业水平和文化程度的标准之一。

早在 1935 年，美国就在佛罗里达州南部的一个海区建立了海洋自然保护区。1938 年，澳大利亚在著名的大堡礁建立了海洋公园，现在成为很大的海洋自然保护区。我国从 1972 年开始建立与海洋有关的自然保护区，1995 年又正式颁布了《海洋自然保护区管理办法》，到目前为止，已建立了 10 多个国家级海洋自然保护区，受到保护的对象有珍稀动物文昌鱼、海龟，海岛上的鸟类、蛇类，海岸自然景观，珊瑚礁和红树等等。1998 年 5 月，天津古海岸和湿地国家海洋自然保护区与美国切萨皮克湾国家河口研究保护区，海南三亚珊瑚国家自然保护区与美国佛罗里达群岛国家海洋自然保护区签署了建立伙伴海洋自然保护区关系的协议书。根据我国有关部门制定的规划，在最近几年内还要建设 15～25 个国家级海洋自然保护区，使海洋生态环境得到更好的保护。